云南大学双一流建设"能源转型与绿色经济发展研究"创新团队资助

大型工程项目四要素配置关系构建与集成管理研究

尤　荻　著

科学出版社

北　京

内 容 简 介

本书以大型工程项目四要素集成管理为研究对象,通过运用系统配置管理、系统集成、项目集成管理等相关理论和方法,探索大型工程项目核心四要素——质量、成本、时间、范围的配置关系和集成管理的内涵与特征,剖析配置关系与集成管理的关系,并提出四要素配置关系构建和集成管理的原理和方法,以及开展四要素集成管理的能力需求。本书将为大型工程项目管理的管理人员和研究者提供学术参考和实践指导。全书共分为8章,包含大型工程项目要素集成管理研究概述、大型工程项目四要素配置关系构建原理研究、集成管理原理研究、配置关系构建方法研究、集成管理方法研究及集成管理能力研究等内容。

本书可供工程项目管理研究人员和管理人员参阅,也可供高等学校相关专业师生使用。

图书在版编目(CIP)数据

大型工程项目四要素配置关系构建与集成管理研究 / 尤获著.
—北京:科学出版社, 2019.10
ISBN 978-7-03-062618-9

Ⅰ.①大… Ⅱ.①尤… Ⅲ.①市政工程-工程项目管理-研究
Ⅳ.①TU990.05

中国版本图书馆 CIP 数据核字 (2019) 第 225163 号

责任编辑:张 展 孟 锐 / 责任校对:彭 映
责任印制:罗 科 / 封面设计:墨创文化

科学出版社 出版
北京东黄城根北街16号
邮政编码:100717
http://www.sciencep.com
成都锦瑞印刷有限责任公司印刷
科学出版社发行 各地新华书店经销

*

2019 年 10 月第 一 版   开本:787×1092 1/16
2019 年 10 月第一次印刷   印张:9.5
字数:288 000

定价:89.00 元
(如有印装质量问题,我社负责调换)

前　　言

　　大型工程项目作为区域基础设施发展的重要组成部分，它的建设和运营对区域固定投资效果的实现、国民经济的发展和公共服务的完善有直接影响，而如何对这类项目进行科学、有效的管理就成为极具现实意义的重要问题。由于项目集成管理在确保项目目标实现方面的重要作用目前已得到学术界和实践者的广泛认同，而项目要素集成管理作为其中的重要组成部分却在理论研究和实际操作中存在很多不足，导致很多项目在管理中遇到较多问题和障碍。本书正是以目前研究中存在的问题和管理实践中的困难为切入点，以大型工程项目为研究对象，以项目四要素配置关系和集成管理为主要研究内容，以发现问题、分析问题到解决问题的思路来构建一个能够实现对项目质量、项目范围、项目成本和项目时间为核心四要素的项目集成管理理论体系，为大型工程项目的建设和管理提供有力借鉴。

　　本书以大型工程项目四要素集成管理为研究对象，通过运用系统配置管理、系统集成、项目集成管理等相关理论和方法，探索大型工程项目"核心四要素"——质量、成本、时间、范围的配置关系和集成管理的内涵与特征、剖析配置关系与集成管理的关系，并全面提出四要素配置关系构建和集成管理的原理和方法，以及开展四要素集成管理的能力需求。本书共分为 8 章，具体内容涉及大型工程项目要素集成管理研究概述，大型工程项目四要素配置关系构建原理、集成管理原理、配置关系构建、集成管理方法和集成管理能力。

　　本书在撰写过程中，得到南开大学商学院戚安邦教授的鼓励和帮助，他不仅对理论内容提出了诸多宝贵建议，还对案例资料收集提供了很多支持；同时还感谢来自众多企业和研究机构的匿名参与问卷调查以及面对面访谈的同仁。

　　限于作者写作水平和研究能力，加之时间仓促，书中不足之处在所难免，恳请读者予以指正或提出建议！

目　　录

第一章 绪 论

大型工程项目作为实现国家和区域经济发展的重要物质基础，它的建设和运营不仅将直接影响城镇固定资产投资效果的实现，同时也将作用于国家和区域内社会、经济和文化的发展。特别是在"一带一路"倡议稳步推进、全国基础设施不断升级的现实背景下，这类项目作为主要实现形式，其建设和发展更显示出了巨大的影响力。因此，如何对这类项目进行科学和有效的管理成为具有实际意义的重要问题，而集成管理便是实现项目成功的重要一环。

一、研究问题的提出

项目目标实现是项目成功的标志，而项目集成管理则是确保项目目标实现的根本保障，这一点不仅被众多项目管理领域的论著提及，同时也得到了全世界项目管理实践的验证。大型工程项目在利益相关者的规模、项目管理工作和技术的复杂程度、项目影响的范围和形式等方面远超一般项目，因此对其实施集成管理更加困难。

大型工程项目作为基础设施发展和建设的一个重要组成部分，对于区域的经济、社会和环境具有重大影响，而它的重大意义早在 20 世纪 80 年代就为很多学者所关注。学者们从经济学、社会学、政治学等方面对这种项目开展了一系列卓有成效的研究。但从现有的研究成果来看，研究更多地是从宏观层面对这类项目对区域发展的影响以及功能进行了探讨，从不同角度对这类项目的本质及其重要地位和特点进行分析，针对这类项目的项目管理方法研究却较少。作者通过对相关文献和研究成果的检索发现，以这类项目为研究对象的集成管理研究相对较少。

与此同时，大型工程项目作为工程项目的一类，在项目基本特征和项目管理模式上具有一定的相似性，因此工程项目集成管理，特别是工程项目要素集成管理的相关研究成果将为本书提供重要参考。但从研究现状来看，大型工程项目集成管理研究有以下几点不足之处，而这些不足也是本书开展研究的主要原因。

(一) 大型工程项目集成管理被一般化

对于大型工程项目来说，由于项目本身工程体量大且结构复杂性强，加之我国目前广泛采用的项目管理模式造成了项目利益相关者众多且关系复杂的情况，因此相比于一般的工程项目，对其的管理就有更高的要求。但就目前的研究现状来看，虽然在大型工程项目集成管理方面国内外已经有了一些研究成果，但是由于大型工程项目具有一定的独特性，因此一般化的工程项目集成管理方法在使用时出现了不适用的情况，特别是对于如何根据项目利益相关者的需求和期望来确定项目目标、如何在项目实施的过程中对项目整体目标实现情况以及如何对项目各方面进行协调和控制等都存在很多问题。另一方面，由于目前的工程集成管理的研究大多集中于管理理念和管理模式，虽然已经有了关于工程项目全过程、全团队、全要素和全面集成的研究，但是这些研究成果对于如何将其应用于实际的项目管理活动中的讨论还较少，这也使得在开展实际的项目管理活动时缺少了有力的理论指导。

(二)工程项目多要素集成管理的研究存在一定的局限性

除了上述在大型工程项目集成管理方面存在的问题，虽然对于工程项目集成管理目前已有一些研究成果，并且其中肯定了项目全要素集成管理的必要性和重要性，但是就具体研究内容上来看还存在很大的局限性。①大多数的研究主要是针对两要素的集成管理来开展的，这其中就包括以项目挣值管理为代表的项目时间与项目成本的集成管理研究。但是由于这些研究都是以其他项目要素不变为假设前提，而这种假设前提与项目实际情况并不相符，因此造成了这些研究成果在应用上的障碍。②虽然有的研究对项目三要素或更多要素的集成管理进行了研究，但是仅仅停留在概念阶段，对其中的原理以及如何实现并没有进行分析和说明，并且其中的一些模型也难以解释项目实践中存在的问题、指导管理工作的开展，究其原因便是没有对项目各要素之间的配置关系以及集成原理进行研究。

(三)工程项目多要素集成管理方法及技术方面的研究不足

工程项目要素集成管理的相关研究除了存在上述项目要素不全面、研究成果指导性不强的问题外，由于现有的研究成果多集中于项目两要素集成管理方面，并且缺少对多要素间配置关系的研究，使得所提出的管理方法和技术处于孤立状态，仅仅能够服务于单个要素或两要素的管理，而未能形成完整的管理方法体系。一方面，只能通过两要素集成管理的结果来体现项目的局部情况，不能对项目的整体情况进行把握；另一方面，造成了实际管理的分离，项目管理人员各自为阵，很难在工作中形成一个完整而系统的管理体系，而这也是导致做出片面和不客观决策的原因之一。

基于以上对大型工程项目集成管理、工程项目要素集成管理相关研究和实践中存在问题的分析，本书将针对大型工程项目四要素配置关系构建和集成管理展开研究，其中包括对大型工程项目的四要素系统的特点、项目中四要素配置关系的内涵及构建进行深入探讨，并且就如何开展这种项目的四要素集成管理进行系统性的分析，进一步提出可以实现对项目整体进行把握的管理方法体系。

二、研究内容

基于以上对本书研究问题提出原因的说明不难看出，无论是在内涵还是具体内容上，相比最初以项目挣值管理为代表的项目集成管理，目前关于工程项目集成管理的研究有了很大程度的深化和丰富，并且在信息化浪潮的推动下，项目集成管理理念在实践中的推广也得到了极大的发展。然而，面对这样庞大的知识体系，鉴于本书研究在时间上的限制和深度方面的考虑，本书将研究范围界定为大型工程项目四要素科学配置关系和集成管理的相关原理、管理方法、管理技术和管理实施的影响因素研究。为了更清晰地呈现本书的研究边界和内容，以下将分别对本书的研究范围和主要研究内容进行说明。

(一)研究范围

从研究范围来看,本书研究内容一方面属于工程项目集成管理领域,另一方面则与大型工程项目复杂性研究和大型工程项目系统结构研究密不可分,具体情况如图1-1所示。

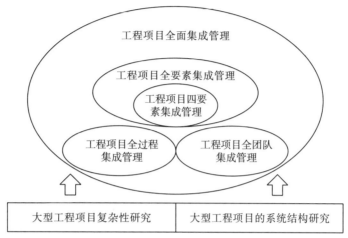

图1-1 本书研究范围示意图

资料来源:作者根据研究结果整理

从现有的研究成果来看,对工程项目集成管理的研究分支可以根据研究对象的不同分为项目全过程集成管理、工程项目全团队集成管理、工程项目全要素集成管理和工程项目全面集成管理四类,前三项是实现全面集成管理的基础,而全面集成则是决定项目成败的关键。本书主要聚焦于工程项目全要素集成管理,并且是对其中的项目质量、项目范围、项目时间和项目成本四要素的集成管理展开研究。之所以选择对项目四要素的集成管理进行研究,是因为这四要素作为任何项目系统的基本构成要素,是对整个项目属性的刻画,也是工程项目目标是否实现的主要衡量内容,并且以它们为核心和连接点,才能实现对整个项目的全要素集成管理,这些内容将在后文中进行详细阐释,此处不再赘述。

然而,对于系统的构成来说,仅有要素是不够的,还需要对系统的功能、结构和关系进行明确,这一点对于大型工程项目这一系统来说也不例外,而本书涉及的另一内容便是针对这种项目四要素的配置关系进行讨论。这种配置关系不但是对各要素之间相关关系和关系形式的体现,同时也是一种能够说明各要素在项目系统中相互匹配情况和系统整体功能的客观表达,这种关系是基于项目目标所建立的项目要素间的客观关系的整体反映。而项目四要素科学配置关系的构建则是基于项目目标、四要素之间的两两相关关系和要素所受约束情况来共同决定的。

由于大型工程项目四要素的科学配置关系是对项目四要素相互匹配关系、要素整体结构和项目系统目标的客观反映,因此只有按照这种关系去开展项目要素集成管理才能更好地实现项目目标,并且满足项目利益相关者对项目的需求与期望。虽然项目四要素集成管理仅是项目集成管理的一个组成部分,但其核心思想仍是实现对项目整体的全面优化、协调和统一管理,并且要发挥管理者的主观能动性,采用科学的管理方法、技术和工具来实现对项目功能的优化,因此这种集成管理的研究能够为项目全要素集成管理提供新的理论支撑。

综上所述,本书的研究范围是站在项目管理者的角度,对大型工程项目四要素科学配置关系构建和集成管理进行管理,包括对管理原理、管理方法、管理过程、管理技术、管理能力等的研究。

(二)研究内容

以上述内容为研究主题,本书通过一系列的研究方法,按照以问题为导向的研究方式,从五个方面展开研究。

1. 建立大型工程项目四要素配置关系模型

基于对相关文献和资料的分析和归纳,本书对目前工程项目要素集成管理中存在的问题和缺陷进行了分析,对开展项目四要素集成管理的必要性以及项目要素目标优先性对集成管理的影响进行了初步说明。在此基础上,通过对要素配置关系与集成管理的关系进行系统性分析,结合大型工程项目四要素系统的分析,提出大型工程项目四要素配置关系模型,并且从要素属性、功能、结构和约束等几个配置关系的关键性内容方面对四要素在其中所扮演的角色和发挥的作用展开论述。

2. 提出大型工程项目四要素集成管理基本方法体系

在明确了大型工程项目四要素配置关系的基本内容和特征后,本书提出依据这种配置关系开展项目四要素集成的基本原理,即以项目目标为导向的集成管理、以项目活动为基础的集成管理、项目要素的两两集成和分步集成管理,以及考虑资源约束的集成管理。从管理原则出发,本书进一步对包括管理对象、管理内容、管理过程、管理技术与工具在内的项目四要素集成管理方法体系进行探讨。为了实现对包括项目要素目标优先性、要素约束和要素关系为主要管理对象的四要素集成管理,结合实证研究中对管理过程能力的研究结果,本书建立了包括起始子过程、计划子过程、控制子过程、变更子过程和结束子过程的管理过程,该过程主要是要实现对单要素和两两要素关系在项目各阶段的管理。与此同时,通过对现有的部分项目要素管理技术的整合,结合要素间的关系,本书还提出实现这种管理的具体管理技术和工具,从而形成一套较为完整的项目集成管理方法体系。

3. 分析不同目标优先序列的大型工程项目四要素科学配置关系特征及构建原理

基于对项目四要素科学配置关系内涵和基本特征的分析,本书进一步对不同要素目标优先情况下的项目四要素科学配置关系进行逐一阐释。作为构成项目要素配置关系的基础,本书结合目前对项目时间、项目质量、项目成本和项目范围两两要素间关系的研究成果,对包括各项目要素可调整性的两两要素关系进行了分析。在此基础上,对项目质量目标优先、成本目标优先、时间目标优先和范围目标优先的项目四要素科学配置关系开展了包括配置关系特点、构建原理和具体情况的分析,并且以目标规划数学建模的形式对每种情况下的各要素配置关系进行了表达,而这些数学模型正是以项目要素目标优先序列为核心、基于项目两两要素相关关系和对各要素约束的考虑而得出的符合项目实际情况与能够满足项目利益相关者需求的项目四要素配置关系,只有按照这种配置关系开展项目四要素集成管理，才能使项目实现整体最优，并且最终确保项目目标的实现。

4. 给出不同目标优先序列的大型工程项目四要素集成管理方法

基于对不同目标优先序列下大型工程项目四要素配置关系的研究，以及这类项目四要素集成管理基本方法的探讨，本书结合实证研究中对于集成管理过程能力的分析结果，对不同目标优先序列下的项目四要素集成管理方法进行了分类讨论。其中主要是以项目质量、项目时间、项目成本和项目范围为第一优先目标的四要素配置关系特点为基础，着重对包括计划子过程、控制子过程和变更子过程的管理过程进行分析，主要涉及对管理步骤、管理内容、管理的具体技术和工具的阐述，从而形成了一套以项目目标分析为起点的能够满足四类要素目标优先性的四要素集成管理方法体系，进一步为该方法落实于实践奠定了基础。

5. 分析大型工程项目四要素集成管理能力的构成和影响因素

大型工程项目四要素集成管理能力是项目管理团队在开展项目四要素集成管理过程中积累起来的多维度的、综合性的知识、技能、管理经验的集合。它不仅反映项目团队和组织对管理技术和方法的应用能力，同时也是能否实现集成管理和项目目标的关键因素之一，若没有相称的能力，任何管理技术和方法都不能很好地发挥作用。为此，基于已有的研究成果，将大型工程项目四要素集成管理能力分为项目过程管理能力、项目组织管理能力和项目信息管理能力，并以问卷调查的方式进行基础数据收集，进而对三个维度的构成要素和相互关系进行分析，最终给出大型工程项目四要素集成管理能力的构成要素及内部结构，从而为开展该能力的评价和管理提供理论基础。

通过对上述五个方面的研究，本书构建了一个由系统理论、配置关系和集成管理理论为基础的，从原理到具体管理技术方法和工具的大型工程项目四要素集成管理体系，并且也对不同要素目标优先序列的项目四要素科学配置构建和集成管理开展提出了有针对性的理论指导。

三、研究意义

本书以系统理论、配置与配置关系理论、集成与集成管理理论为基础展开研究，主要有五个方面的意义。

(一)项目四要素配置关系模型弥补了两要素和三要素配置关系的不足

由于目前关于项目要素集成的研究大多是以两要素和三要素的配置关系为基础，而这种关系并不能完全反映项目的整体情况，加之这些研究都是以其他项目要素固定不变为假设前提，造成了这种研究结果与实际项目管理工作情况不相符的情况。本书针对这种情况，提出了以项目质量、项目时间、项目成本和项目范围为构成要素的四要素配置关系模型，并且结合大型工程项目的特点，分析这种配置关系在不同维度的特征。这一模型的建立将项目范围视为项目的核心要素之一，加之考虑了项目要素目标的优先性，有效地弥补了之前研究的不足，同时也为更多要素配置关系和集成管理的研究奠定了基础。

(二)从系统的观点探讨了要素配置关系与集成管理的关系

虽然现有的相关研究成果已经对项目要素集成管理的重要性和必要性予以了肯定,但是除了在要素数量上的局限,对于集成管理对象的本质和对管理活动开展的影响的研究还较少。而本书正是从系统的角度对要素配置关系与集成管理的关系研究入手,通过说明要素配置关系是以要素间两两相关关系为基础的对系统的整体表达,来提出要素集成管理应该以要素配置关系为依据的观点,并且结合大型工程项目的特点,进一步对这种项目四要素配置关系的特点和如何根据这种关系开展要素集成管理进行阐释。这方面的研究不仅为项目要素集成管理的相关研究提供了理论补充,同时也可为项目全过程集成、项目全团队集成提供理论借鉴。

(三)建立了较为完善的项目四要素集成管理方法体系

在以往的项目要素集成管理的研究中,一方面因为限于对两要素和三要素集成管理的研究,未能实现对项目范围这一要素的集成管理;另一方面则是既有的研究成果大多都侧重于提出相关的管理理念和基本思想,而对具体的管理原则、管理过程和管理技术等进行系统性讨论的成果较少,致使已有的关于项目要素管理的更好的和科学的方法未被有序地应用到集成管理当中。而本书则是通过对四要素配置关系内涵的讨论以及现有的较为成熟的管理技术的分析,系统性地提出不同要素目标优先序列下的,包括管理原则、管理过程和管理技术的系统性集成管理体系,这一研究结果不但为更多要素集成管理的研究提供了研究思路,同时也给各种管理技术和工具的改进提供了重要参考。

(四)建立对包括项目范围在内的四要素集成管理模式

既有的研究主要强调项目质量、项目时间和项目成本三要素的核心性和重要性,因此在项目管理实践中,大多数的项目管理者都将这三要素或其中的一个要素视作管理重点,忽视了项目范围在其中起到的重要作用。而本书提出的包括项目范围在内的四要素配置关系模型,从原理上解释了项目范围与其他三要素的关系,以及在项目中起到的重要作用,从而解决原有的只重视三要素集成管理带来的问题。

(五)提供具有针对性和可操作性的四要素集成管理方法

从目前的项目管理实践情况来看,虽然有很多诸如项目工作分解结构(work breakdown structure,WBS)、关键路径(critical path method,CPM)的项目要素管理方法已经得到普遍应用,但是由于没有相应的理论作为指导,导致无法在项目实施期间将各单项要素的管理过程和管理结果有机地结合起来,更无法综合反映项目的整体情况,致使项目决策者经常由于缺乏对项目整体情况的正确把握而做出有失偏颇的决策,以及出现成本超支、进度拖延等现象。本书将根据不同要素目标优先性的项目四要素配置关系,提出包括具体的管理过程和管理技术在内的管理方法,将对目前较为成熟的项目管理方法进行有序和有机的结合,这种方法的应用将有助于项目管理者在项目实施过程中不仅对项目四要素各自的进展情况进行掌握,同时也能从实现项目目标的角度对项目的整体情况有全面的了解。

第二章　大型工程项目要素集成管理研究概述

工程项目的大型化可以说是工程项目发展的一大趋势，究其原因，主要是社会经济的发展对工程项目的建设提出了更高和更加多元化的要求，基于区域整体发展规划的角度，工程项目的建设规模不断扩大，并且强调项目功能多样化和区域经济带动作用。与此同时，随着这类项目对于项目所处区域发展有着越来越重要的战略意义，如何对这种涉及众多利益相关者和项目结构具有较强复杂性的项目开展科学的管理也成为学术界和实践者共同关心的热点。在参考和借鉴当前研究成果的基础上，作为研究基础，本章将在对相关概念进行界定的同时，对大型工程项目要素集成管理的相关理论基础和相关研究成果进行总结。

第一节　相关概念界定

随着建设规模的不断扩大、投资金额的不断增加，以及项目复杂程度的不断提高，大型工程项目的内涵正在发生变化。为了明确研究对象的内涵和特征，结合当下的研究和项目建设情况，以下将对大型工程项目的定义、主要类型、独特性和项目四要素集成管理的内涵和作用进行阐述。

一、大型工程项目

基础设施是区域竞争力提升和社会发展的重要影响因素，而工程项目则是实现基础设施升级和发展的主要途径。随着社会发展模式的转变和人们生产生活需求的增加，大型工程项目日益增多，并且成为工程项目的"主力军"，以下就首先对大型工程项目的定义、主要类型和独特性进行阐述。

（一）大型工程项目的定义与主要类型

作为本书的研究对象，大型工程项目的产生与概念的提出与基础设施的发展和相关研究密切相关，并且随着基础设施内涵的拓展，大型工程项目的意义和内涵也在不断发生变化，以下将在综合相关规定和文献的基础上给出大型工程项目的定义。

从目前相关文献和资料来看，我国大多数大型工程项目的投资额已经远超亿元，甚至出现了百亿级项目，并且投资规模呈现不断增大的趋势。与此同时，从建设规模上来看，大型工程项目近些年来的建设体量不断增大，并且出现了跨城市、跨流域、跨地区的项目，不但对项目所处区域，同时也已对更大范围的地区甚至国家产生了直接或间接影响。随着社会的发展和科技的进步，大型工程项目将呈现出更多的变化，因此不能简单用投资额或建设规模来定义它。在综合现有研究成果的基础上，本书将大型工程项目定义为：由政府、企业或其他组织出资，对国民经济和社会发展有重大影响，国民生存生活所必备的，经国家有关部门审批或核准的重大工程性基础设施项目。

随着大型工程项目日益增多，其种类也在不断增加。从目前世界和我国的建设情况来看，大型工程项目可以根据用途、行业性质、项目投资目的、项目建设性质、地理空间分布进行分类，具体情况如下。

(1) 按照用途，大型工程项目可以分为能源供给类、交通运输类、邮电通信类和环境保护类项目。其中，能源供给类项目又可以根据能源类型分为水利工程项目、发电和电网工程项目、热能供给工程项目、油气开采和供给项目等；交通运输类项目可分为公路工程项目、铁路工程项目、机场工程项目、水道工程项目、城市交通枢纽工程项目等；邮电通信类项目可分为电视电话线路建设与维护工程项目、邮政运输与投递工程项目、光缆光纤铺设工程项目等；环境保护类项目可分为污水处理工程项目、垃圾焚烧与处理项目、大气污染防治工程项目等。

(2) 按照行业性质，根据项目经济效益和社会效益的侧重点，大型工程项目可以分为经营性、准经营性和公益性项目三类。其中，经营性项目注重项目经济效益的实现，一般投资效益比较高、竞争性比较强，项目以企业作为基本投资主体，由企业自主决策并开展项目的建设和管理，在取得项目收益的同时承担投资风险；准经营性项目通常是具有自然垄断性、投资额收益低的城市和产业发展基础设施项目，这种项目侧重于项目社会效益的实现，但同时也要求实现合理的经济效益，当前这种项目大部分采用公私合营方式进行建设和管理，政府予以政策和部分财力支持，企业则通过出资参与项目并获得收益；公益性项目则是全部由政府采用财政资金建设的、仅要求实现社会效益的公共设施项目，主要包括科技、文教、卫生、体育、政府办公、国防建设、社会团体和环保等设施。

(3) 按照项目投资目的，大型工程项目分为生产性项目和非生产性项目。其中，生产性项目是指直接用于物质资料生产或直接为物质资料生产提供服务的工程项目，主要包括农业项目、工业项目、基础设施项目、商业设施项目等；非生产性项目是指用于满足人民物质、文化需求的，进行非物质资料生产和相关服务的工程项目，主要涉及公共建筑建设、民用居住建筑建设、政府办公用房建设等内容。

(4) 按照建设性质，大型工程项目可分为新建项目、扩建项目、更新改造项目。其中，新建项目是指根据国民经济和社会发展的要求，按照规定的程序立项、建设和管理，最终能够为物质资料生产、人民生活提供服务的建设项目；扩建项目是指企业为了扩大生产能力或增加经济效益、政府等组织为了扩充原有业务系统而新增固定资产的工程项目；更新改造项目是指企业、政府等组织在自然灾害、战争中，其原有固定资产全部或部分报废，或由于技术革新、业务拓展等需要进行重建、改造等来升级、恢复、提高生产能力和业务工作条件、生活福利设施等的工程项目。

(5) 按照地理空间分布，大型工程项目分为聚集式和分散式两种。其中，聚集式是指项目交付物集中在同一地理空间范围的大型工程项目，并且以此来实现项目目标，如城市的交通枢纽工程；而分散式则是指项目的交付物分布在不同地理空间范围的大型工程项目，如某河道的沿岸码头建设工程。需要注意的是，无论是聚集式还是分散式项目，都需要由同一个项目组织进行协调管理和配置资源，共享组织资源和信息，为实现统一的项目目标和整体功能服务。而此处所提及的聚集和分散是指各个子项目或交付物的相对地理空间位置，并非是整个项目覆盖的区域。

(二)大型工程项目的独特性

大型工程项目与区域基础设施规划和发展密切相关，从公共投资的角度看，大型工程项目大多具有公共性、社会效益性、经济发展基础性、自然垄断性、初始投资高额、投资回收期长和服务对象的多样性等基础设施项目的特点。此外，由于大型工程项目对于项目辐射范围内区域的经济、社会发展有着重大的战略性影响，在建设过程中往往涉及较为复杂的社会、经济和自然环境因素，致使在项目实施过程中不确定因素增加，并且项目目标也较一般工程项目更为多样化。除此而外，大型工程项目还具有五个方面的独特性。

(1)项目与区域发展战略紧密相关。区域经济和社会的发展取决于其战略定位，而大型工程项目作为区域内基础设施建设的主要组成部分，是区域发展的基石，也是区域容纳能力的标志，因此项目目标必须与区域发展的战略定位一致，服务于所辐射区域的发展。因此在制订项目目标时，必须认真考虑区域空间发展规划和区域经济发展的相关要求，使项目目标与宏观环境相一致。

(2)项目的多功能性。随着工程技术的进步和人们生活方式的转变，很多大型工程项目往往具有多种功能，如很多交通枢纽工程就要求兼具交通运输、观光景观、商业设施等多项功能，这也就使工程项目中往往包括多种项目类型，而每一个子项目都有不同的项目目标，也就形成了项目的多目标性，因此如何确保各种功能的实现成为十分重要的问题。

(3)项目涉及的利益相关者众多。由于大型工程项目往往会涉及较多的工程移民和社区居民，他们不但是项目需求的提出者，同时也对项目的实施产生直接或间接的影响。另外，随着融资渠道和建设主体的多样化，很多大型工程项目通常涉及多个投资主体，这也是造成项目利益相关者众多的原因之一。与此同时，由于这种项目往往在规划和建设过程中涉及各类政府及公共部门，因此诸如规划部门等相关部门也将成为项目的重要利益相关者。

(4)项目应具有可持续发展性。良好的生态环境是区域发展和居民生活的必备条件，而大型工程项目在建设和运行过程中往往会对项目建设和辐射区域的生态环境造成一定的影响。与此同时，由于这类工程项目具有一次性和不可逆性，因此必须在项目的设计和建设中融入可持续发展的思想，并且在项目的全生命周期中都要符合项目所在地区域的环境要求，积极做到与周围环境协调发展。

(5)项目应与区域承载力相匹配。大型工程项目与区域承载力有着密不可分的联系，这是因为项目在建设过程中将受到包括区域自然环境、经济、资源和社会等多方面承载力的影响和约束，而项目的建成和运行又将对区域承载力的提高产生作用。因此，应该在确定项目目标时就充分考虑项目对区域承载力的需求和影响。与此同时，区域承载力是一种客观条件，因此项目在进行计划时必须认真考虑区域承载力给项目带来的影响，并将其落实到具体的项目活动决策中。

基于以上对于大型工程项目独特性的分析，大型工程项目的建设和管理都是极为庞大和复杂的系统工程,不但项目本身具有很强的结构复杂性,同时项目也受到外部环境中纷繁复杂的不确定因素的影响。虽然这些内外部因素会以不同形式和内容对项目目标的实现造成影响,从而给项目的实施带来挑战,但是面对社会发展带来的需求,大型工程项目的开展却又势在必行。

二、项目四要素集成管理的内涵与作用

项目四要素集成管理中的四要素是指项目质量、项目时间、项目成本和项目范围,它们是度量项目成败的关键性指标,并且是对项目目标的表达要件。对于工程项目来说,项目目标范围、项目目标成本、项目目标时间和项目质量是对项目目标不同维度的表达,而对项目四要素的集成管理的目的就是最大限度地确保项目目标的实现。有关项目四要素集成管理的具体内涵和作用分述如下。

(一)项目四要素集成管理的内涵

项目集成管理是一种基于具体项目各项活动、各专项管理和全体项目利益相关者要求的科学配置关系所开展的一种全面性的项目管理工作(戚安邦,2007)。项目四要素集成管理是项目全要素集成管理的一个重要组成部分,而项目全要素集成管理、项目全团队集成管理和项目全过程集成管理共同构成的项目全面集成管理则是项目集成管理的最佳状态,它的实现是保障项目成功的关键。有关项目四要素集成管理与其他集成管理之间的关系如图 2-1 所示。

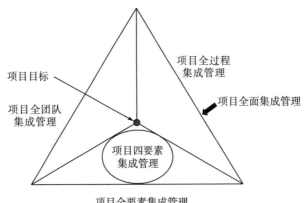

图 2-1 项目四要素集成管理的范围示意图

资料来源:作者研究整理

如图 2-1 所示,项目全面集成管理包括项目全过程集成管理、项目全团队集成管理和项目全要素集成管理三个部分,并且这三个部分都以项目目标为核心。项目全过程集成管理是科学合理地确定项目目标、子项目、项目产出物、项目工作包、项目活动并实现它们之间的合理配置关系;而项目全团队的集成管理主要是将项目的工作和任务合理地分配给项目全团队的各个成员并积极做好他们的分工合作和合作伙伴式的管理(戚安

邦，2015），而项目全要素集成管理则是通过对项目要素和所需资源的合理配置以实现项目价值最大化的管理工作。对于不同的项目来说，虽然项目目标、项目独特性不同，但这三方面的集成互相联系、互相影响，缺少其中的任一方面，项目的集成管理都会出现问题，而本书所讨论的则是项目全要素集成管理中的四要素集成管理，它是项目全要素集成管理的首要任务。

项目四要素集成管理是指在项目全过程集成管理中所包含的，并且已经通过项目全团队集成管理安排给了具体项目利益相关主体的项目、子项目或项目某部分工作或任务的具体质量、范围、时间和成本四要素的集成管理。由这一定义可以看出，它的实现必须以明确的项目目标为导向，以清晰的项目团队工作安排和职责划分为前提，并且贯穿项目始终。

（二）项目四要素集成管理的作用

项目四要素集成管理的根本作用是借助项目资源的合理配置，通过建立科学的项目四要素配置关系，实现项目价值的最大化和项目价值分配的合理化，最终确保项目目标的实现。具体来说，项目四要素集成管理还有以下作用。

1. 项目四要素集成管理是实现整个项目目标的关键

任何项目的根本目标都是为了给组织、企业或公众实现新增价值，而项目四要素集成管理作为项目全要素集成管理的核心，是实现整个项目目标的关键所在。因为对于任何项目来说，项目目标是利益相关者利益博弈的结果，并且通过合同的形式予以确定，其中必定对项目范围、项目时间、项目质量和项目成本这四大条件进行约定，一旦合同成立，项目全团队的成员所承担的项目某部分的任务也都将对这四方面进行规定，并且尽力降低风险，努力实现项目带来的新增价值。换句话说，只有实现了这四个要素的目标，项目才能实现各方利益。而项目四要素集成管理正是旨在通过计划、控制、变更等一系列管理活动建立科学的四要素配置关系，并努力实现四方面的目标。

2. 项目四要素集成管理是项目全团队成员获益的基础

如上所述，项目四要素集成管理能够让项目全团队的成员明确自己负责的项目、子项目、项目活动等有明确的并且符合项目价值实现的目标或考核指标。正因如此，项目团队成员以各自的四要素目标为标杆，根据自身的工作内容和过程，尽力消减风险带来的损失和扩大可能取得的收益，从而确保自身的获益以及全团队的利益实现。与此同时，通过集成管理，在明确了四要素目标和它们之间的关系后，项目全团队成员将会极力进行资源的合理安排，减少资源浪费，以最低的成本和投入实现目标，以此实现各自的目标，而这样也会使得项目实现增值。

3. 项目四要素集成管理是实现项目价值及其分配的手段

如上所述，当项目全团队的所有成员都能很好地开展项目四要素管理时，他们就能够实现各自所承担项目工作的价值最大化，从而借助项目全团队集成管理实现整个项目的价值最大化。在当前的市场环境下，项目通常是基于社会分工和公开竞争等方法将项目任务分配给项目全团队的各个成员，而在分配和规定成员的工作内容和责任并签订相应合同时，往往通过这四要素对其责任、义务、权利和利益进行规定，因此项目四要素集成管理不但作用于每个项目团队成员的管理和利益取得，同时也作用于项目工作的分配过程，只有这样才能让项目团队成员按照项目各项合同的约定去完成自己的项目工作，实现预定目标并取得相应的利益，避免冲突所导致的损失。

第二节　大型工程项目集成管理的相关理论基础

由于大型工程项目具有社会影响力强、投资规模巨大、项目利益相关者众多、建设周期长、项目结构及实施技术复杂和不可预见因素多等特点，国内外许多学者基于系统工程理论、项目群和项目组合管理理论、信息集成理论、复杂性理论对大型工程项目的集成管理进行了研究，逐渐形成了相应的理论体系，成为本书研究的重要基础。以下就对其中的部分内容进行阐述。

一、系统工程与大型工程项目集成管理

随着项目环境和项目自身的日趋复杂化，很多学者认为采用传统的项目管理方式和理论已经很难从全局上对包括大型工程项目在内的大型项目开展管理(Cicmil，2006)。这是因为虽然现有的项目管理方法都是在工程和建设项目上提出的，并且也聚焦于如何对这些项目开展更为科学的管理，但是很多理论都将项目视作一个"孤岛"，并且有闭合的边界，而这就形成了项目管理的边界，导致在开展管理时，往往由于外部不确定性因素的影响，使项目功亏一篑(Engwall，2003)。

在具体的管理方式上，Heeks 等(2001)认为在对项目实施管理时出现的种种问题，"出错的并不是工具本身"，而在于对项目管理工具和技术过于机械化地使用，这对于项目中存在的变化和应对外部的各种挑战是非常不利的，特别是对于那些项目中的"范围蔓延"(非授权活动的变更)。为了解决由于项目和项目管理存在的对项目以一种固化、封闭的视角来进行研究的问题，很多学者(Gemünden et al.，2005；Crawford et al.，2004)从系统的角度开辟了项目管理的新领域，其中较具代表性的研究成果主要体现在通过系统性思维来对大型工程项目进行分析，以及采用系统动力学的方法来对项目系统内外部的情况进行整体性动态分析。

Kapsali(2011)基于对 12 个欧洲公共投资的开发项目进行案例分析，对如何在项目管理中采用系统思维方法以及这种方法是怎样帮助项目取得成功进行了说明。通过对比分析，文章就为什么传统项目管理方法会导致很多项目特别是政府投资开发项目失败的问题进行剖析，其主要理由可以归纳为这种管理没有考虑项目环境的复杂性和项目整体性，而以开放系统的角度来进行管理可以在很大程度上改变管理思维和方式。以系统的角度来开展项目管理是在计划等管理过程中注重从系统的角度来对待项目，并且基于变更是任何项目都不可避免的观点，在项目的计划、控制和沟通等管理过程中都加入了一定的"弹性"管理，从而确保了项目子系统在外部大系统的包围下能够具有很好的适应性。因此，采用

系统的方法和系统思维的方法能够为管理提供弹性,使得在复杂多变和充斥着诸多不确定性的外部环境中项目能够取得成功(Shenhar,2001)。而现在的研究重点就是如何在目前已有的项目管理方法和技术中"嵌入"管理弹性,并且能够对其中的结构和内容进行总结,形成新的具有实践意义的管理新体系(Sauer et al.,2007)。

Rodrigues 等(1996)采用系统动力学的方法对传统的项目管理方法进行了分析,从不同角度提出了项目管理的系统动态过程模型,并且进行了比较。传统的项目管理的系统动力分析并没有包括项目人力资源管理的内容,而是将其视为项目计划中的一项内容,但是该项内容的忽略却造成了项目管理的障碍,因为无论是项目人员的经验水平还是技能培训,都对项目的实施有着决定性的影响。

除了上述的研究,从目前对项目和项目管理从系统视角进行研究的成果来看,其主要观点都认为项目管理中传统的技术和方法十分重要和必要,但是仅仅在项目实践中使用它们是不够的,必须从系统的角度将它们组合起来,形成一个能够具有适应复杂项目环境的整体(Rodrigues et al.,1996;Gemüneden et al.,2005;Arrto et al.,2008)。从目前已有的研究成果来看,关于如何将这种系统性思维运用于大型工程项目的项目管理实践中,还缺少具体的管理研究方法和对大型工程项目的系统性分析。

二、项目群/组合管理与大型工程项目集成管理

对于大型工程项目的管理,很多学者都认为应该将其与组织和地区发展战略相结合,管理更趋于一种治理机制的建立与运转,这是因为大型工程项目往往涉及很多组织和部门,并且由于项目结构的复杂性,越来越多的大型工程项目是以项目群的形式存在的,但是这种项目群又不是很多单个项目的简单集合(Maylor et al.,2006)。可以说,从目前的研究现状来看,大型工程项目的管理理念主要以开展项目群或项目组合管理为基础,强调在这种项目管理中要注意项目功能、项目人员以及与组织战略间的关系。

早在 1991 年,Ferns(1991)就提出,随着项目规模的扩大和需求的增加,公共基础设施的建设逐渐趋于大型化,并且很多组织都对这种以项目群形式出现的项目管理方法加以了关注。Lycett 等(2004)认为进行项目群的管理就是对一系列相关的项目进行集成管理,以期实现对单个项目进行管理而不能实现的利益。Van Der Merwe(1997)、Gray 等(1999)相信传统的工程项目管理方法仅仅关注项目是否按时、按质和在预算内完工,很少对项目工作和子项目之间的功能相关性进行考虑,但是由于在这样的大型项目中每一个子项目完成的情况和功能的实现都会影响其他子项目甚至整个项目功能的发挥,如果在项目的计划、控制阶段不注意这种联系,就会导致项目偏离原定战略目标,因此在集成的层面来看,不同功能项目工作之间协调的缺失将成为这种大型项目取得成功的一大障碍。美国项目管理协会(Project Management Institute,2006)认为在对这种大规模的项目群进行管理时应该注重项目各方面的协调和项目战略目标的实现,并且以长期利益为导向,通过集成来实现不同层次和不同专业功能项目的相互匹配和整体功能的发挥。

在比较和平衡了前人对项目群管理提出的观点以后,Gray(1998)指出所谓的项目群、项目、子项目和工作包是处于不同层次的项目活动,而对于项目群不同类型的项目,应该

采取不同的管理方法，但却要在实现整体目标上保持统一（Payne，1995）。Lycett 等（2004）在对已有的研究成果进行分析的基础上，提出在进行项目群的管理过程中，应当注意项目与项目群、项目与项目、项目与市场的关系，并且通过有效的协调、高效的资源管理与使用以及项目知识、理念、工具和技术间的有效传递等措施来实现对项目群的全面管理。之后，一些研究者就具体的项目群管理方法进行了讨论，例如，Partington 等（2005）就指出，对于这种项目群的管理，要求项目管理者必须能够将项目团队人员的个人能力进行组合，使其能够发挥各自的专业专长，并且还要对项目外部的相关政策的变化、项目内部的知识集成等工作充分重视。

从目前大型工程项目与项目群/组合的相关研究成果来看，都强调一种整体性，而这一整体性可以在不同层次和不同维度得以体现，并且作为开展管理的基本原则。例如，在项目之间，这种整体性就是指其中的各个子项目都必须服从项目整体的战略目标，项目的具体活动则必须在项目的目标这一角度上得以统一，对于项目组织来说，则应该根据项目目标的实现要求，形成一种服务于项目组织战略目标实现的具有凝聚力的整体。但无论是上述哪一方面的讨论，都显示出实施集成管理的思想，但关于具体的实施和管理方法方面的研究还较少。

三、信息集成与大型工程项目集成管理

随着计算机技术的飞速发展和互联网的普遍使用，信息化建设已经成为大型工程项目管理不可或缺的组成部分，而信息集成也成为实现项目集成的基础和保障。目前，大型工程项目信息集成领域已取得长足的发展，以下对具有代表性的研究和实践成果进行阐述。

美国土木工程师学会（American Society of Civil Engineers，ASCE）通过对工程项目各参与方的即时信息交换情况进行分析，构建了包括项目业主、土木工程师、结构工程师等8 类项目参与方的信息交流现状模型（Sanvido et al.，1990），指出点对点式的信息交流方式非常容易造成信息丢失和信息冗余，并且由于项目参与各方之间没有共同的信息沟通语言，使个人对信息理解的不同造成误解和沟通不畅。而在构建的信息交流模型中，通过建立以共享项目模型为核心的网状交流模式，使得信息能够实现数据标准化，并且进行及时传递。

由国际标准化组织（International Organization for Standardization，ISO）推出的 ISO BCCM（Building Construction Core Model）模型使用 Express-G 模型语言，将整个工程建设项目分为工程建设项目过程对象、工程建设项目资源对象、工程建设项目产品对象和工程建设项目控制对象四个子对象，并且通过在四个子对象间建立两两相关关系，有助于实现对项目开展全寿命周期的管理。值得注意的是，该模型并不是应用模型，对于不同的应用主体，可以根据具体情况进行调整，但是该模型也为工程项目全生命周期的数据标准化管理做出了很大贡献（贾广社，2003）。

基于由美国 Joseph Harrington 提出的计算机集成制造（computer integrated manufacturing，CIM）模式，20 世纪 80 年代末至 90 年代初又发展出了计算机集成建设（computer integrated construction，CIC)这一综合性信息技术。CIC 是集成信息化与管理集成化为一体的建设方式，它将系统工程理念、并行工程、自动化技术、项目管理技术、信息技术和工程建设过程进行了有机结合，通过统一的信息平台实现了项目中过程、管理组织和信息的集成，从而形成具有动态性、即时性、智能化和自动化特征的集成建设管理工具，帮助项目管理者提高项目管理水平。另外，CIC 把建筑领域很多专业技术进行了集成，如计算机辅助设计、工程项目管理系统、施工自动化系统等，使这些子系统在新的管理组织和模式的指导下，发挥各自的功能，把建设的各个参与方和实施环节相连接，通过计算机系统对信息的高效处理，获得优于单一应用的管理效果(骆汉宾，2008)。

陈勇强(2004)在其博士学位论文中构建了超大型工程建设项目信息集成概念模型，该模型以项目的全生命周期为核心，通过将项目信息分为管理信息、技术信息、外部信息和历史信息四类，进而建立数据库，对源于各项目利益相关者、各阶段的内外部即时信息和历史信息进行统一的存储和管理，以达到信息标准化、信息及时更新和信息共享的目的。

随着工程项目的日益复杂和项目管理可视化的发展，基于建筑信息模型(building information modeling)、建筑信息化管理(building information management)、建筑信息制造(building information manufacture)建立的大型工程项目信息集成系统包括功能模块层、交互模式层和信息互用层和信息源层，该信息集成系统实现了对项目管理组织间的信息互用，大大提升了管理的便利性、互动性和高效性。

另外，Zipf(2000)通过将局域网、广域网、通信技术、地理信息系统(geographic information system，GIS)和企业数据库连接和组合，建立了项目集成管理系统，实现了异地或跨区域的多项目管理。美国的 Autodesk 公司基于建设工程全生命周期管理模式，开发了 Autodesk Buzzsaw 项目信息化管理软件，它能够有效实现大型项目各参与方的在线项目管理和协同作业[①]。

四、复杂性与大型工程项目集成管理

基于对项目系统性的讨论，很多学者认为复杂性理论能够很好地应用于大型工程项目集成管理，因为所有这种项目都具有内部要素关联性、层次性、信息交互性、可控性、突变性等复杂自适应系统的特征，而项目的复杂性既对项目集成管理提出了更高的要求，同时也提供了新的思路。从研究现状来看，大型工程项目集成管理所涉及的复杂性研究可以分为内部复杂性和外部的复杂性，其中内部复杂性包括结构复杂性和技术复杂性，外部复杂性则包括方向复杂性和渐进复杂性。

大型工程项目的结构复杂性源于项目中存在大量不同的且相互联系的项目任务和活动，而这给项目的集成管理带来了两方面的挑战：一是项目的工作应该如何分配，这关乎项目利益相关者的利益实现，若是分配不合理，那么跨层次或跨活动之间的组织或个人矛盾将会令集成管理无从下手，最终将导致项目解体；二是项目的工作应该划分到何种程度，项目工作划分得越细致，似乎越有利于对单个项目工作或活动进行管理和考核，但这意味着会出现更多的管理界面和更高的信息交互要求，这无疑大大增加了项目集成管理的难

---

① http://usa.autodesk.com/buzzsaw/.

度，因为其中任何一个管理界面出现问题，都有可能由于项目活动之间的相互关联性导致连锁反应，使得项目目标无法实现。因而大型工程项目的集成管理应该充分考虑这种结构复杂性，特别是在项目范围变更和控制过程中。

大型工程项目的技术复杂性源于项目中具有创新性的或独创性的项目产出物，或者是对于从未采用过的技术的应用。这种复杂性导致项目中会出现一连串相互关联的新问题，这些问题关系到与之相关的项目工作和活动，无法忽略，并且给项目集成管理带来三方面的影响：①新技术的使用可能导致常规的工作划分办法无法适用，因此如何对相关活动进行合理的设计和整合就成为项目集成管理计划形成阶段必须完成的工作；②新技术的应用可能导致项目中出现定义不清的项目设计和项目技术问题，而这些问题可能会引发管理界面模糊或由于职责划分不清导致的冲突，从而影响项目目标的实现；③新技术的应用可能打破既有的利益相关者利益分配格局，导致利益相关者产生新的期望和矛盾，而这将引起项目目标的变更，进而使项目集成管理难以实现。在工程技术日新月异的今天，很多大型工程项目不但要同时采用多项新技术，还面临着技术的不断更新，而这无疑进一步增加了项目的技术复杂性。

项目的方向复杂性主要是由于项目利益相关者之间未对项目目标达成共识和组织中存在含义和界定不清的协议等。大型工程项目涉及的项目利益相关者众多，并且在项目实施过程中会不断新增和退出利益相关者，特别是面对快速变化的市场环境和客户需求，项目在启动阶段所制定的项目目标可能受到来自各方的质疑，进而挑战之前达成的利益共识，使得项目集成管理陷入无明确目标的境地。另一方面，由于当前的大型工程项目的建设和管理是基于市场分工所进行的，各类服务合同中极有可能存在不清楚的定义或隐性协议，而这可能随着项目的推进而带来争端和新的利益诉求，从而致使原有利益格局遭到破坏，集成管理亦陷入困境。对于这种复杂性，项目集成管理就必须以充足的时间弹性和敏捷的变更管理为基础，以便有充足的时间和空间去揭示各种隐藏的项目管理方面的界定，从而达成关于项目目标的共识。

项目的渐进复杂性源于项目环境、条件和人们期望的不确定性，这种复杂性导致项目既定战略方向和目标发生变化，并且超出了项目团队的控制范围。大型工程项目，由于项目规模庞大，涉及的社会和自然环境影响因素众多，因此面对的不确定性在来源和种类上都很多，虽然不一定对项目造成致命影响，但是却大大增加了项目管理的难度，其中也包括项目集成管理。由于这种复杂性难以预测，更难以提前制定相应的应对措施，特别是对于国家立法变化、国内动乱和灾难、技术的淘汰与更新等因素，不但会导致项目所有工作停滞或拖延，甚至项目本身也会被否定。对于项目集成管理来说，这种复杂性不但会直接导致原有计划和管理方法完全失效，同时也对管理工作本身提出了更多的要求，因为同一影响因素可能对不同项目活动或工作产生不同后果，而这些后果可能导致连锁反应，使得管理内容呈几何倍数增长，加之这种复杂性可能发生在项目生命周期的任何阶段，因此要想实现全面的项目管理更加困难。

从现有的研究成果来看，既有的项目集成管理技术与方法更多地是与具有结构复杂性的项目相适应，但不能很好地与项目技术复杂性、方向复杂性和渐进复杂性等要求相适应。特别是对于大型工程项目来说，项目的规模越大，上述复杂性同时出现并显现叠加效果的可能性就越大，因此针对单一复杂性的管理方法也难以使用。

第三节 工程项目要素集成管理研究分支及其研究内容

随着信息时代和知识经济的发展，以工程建设项目为主要应用领域的传统项目管理范式已转变为现代项目管理范式(戚安邦，2006)，该范式不但使项目管理应用范围更广泛，同时涉及的要素也更多样。为了实现对这些要素进行系统性和全局性的管理，项目管理要素集成的研究逐渐步入多要素集成管理阶段，而就目前国内外的研究进展来看，成果主要集中在项目成本-时间集成、项目质量-成本-时间集成、项目时间-资源集成等方面。以下就对每一方面的研究现状和代表观点进行分析说明。

一、工程项目两要素的集成管理研究

项目时间和成本一直是项目管理中最重要的两个要素，同时它们也是最早被实施集成管理和控制的项目要素。早在 20 世纪 60 年代，由美国国防部(United States Department of Defense，DOD)提出的项目成本和进度控制系统规范(project cost/schedule control system criteria)中就以军事项目为对象开发建立了一套对项目成本和项目进度进行集成管理的方法和技术，之后进一步发展为目前被广为使用的项目挣值管理(earned value management，EVM)方法的雏形，后经众多学者(戚安邦，2004a，2004b，2007；长青 等，2006；余晓钟 等，2007；林则夫，2007；Frank，2003)的研究和改进，使得该方法得到进一步完善。

除了挣值方法以外，还有一类研究是基于项目关键路径法提出的对项目时间和项目成本进行平衡的研究。关键路径法是项目管理中基本的量化管理技术。该方法基于项目活动完成时间的假设，通过 CPM 来决定项目完成的最短时间。在项目管理中，通常会遇到为了缩短整个项目的总时长而通过增加成本来压缩一些活动持续时间的需求，并且通常这种情况下会存在一个项目完工的既定时间(某些文章中称为软性截止时间，即 soft deadline)。而这个问题在很多项目管理相关文献中就成为一个决定活动赶工和赶工程度的问题。基于项目活动直接成本随时间(时间可变区间为正常完工到赶工时间)变化这一假设，很多学者通过建立数学模型来达到最小化项目直接成本的目的。对这一被称为项目时间/成本平衡问题最早进行研究的是 Kelley(1959)开展的研究，他假设项目活动的时间和成本为线性关系，针对这一关系建立了数学模型，并且还采用启发式算法来找到最优解。田志学等(2001)则将目标成本与工作分解结构相结合，通过将目标成本层层分解到每一项项目活动，并构建一个费用矩阵，同时通过对变动成本率、偏差、各项项目活动进度和成本的控制，保证在工程目标总成本的约束下完成项目。Demeulemeester 等(2002)的研究目标就是在可行的项目持续时间下，构建完整和有效的时间/成本实施方案，并且达到项目成本的最小化。De 等(1997)提出了一个非线性的项目时间-时间均衡问题，并且依然采用启发式算法对其提出解决方法。清华大学的刘伟等(2002)认为以往的项目网络计划中的时间-成本均衡问题将研究的重点放在通过增加成本来压缩项目活动时间，并且实现两者的最优问题，但没有考虑资源的约束，于是针对这一问题建立了考虑资源约束的时间-成本均衡的数学模型，

并且采用启发式算法来对模型进行求解。

除了采用各种算法对项目时间和项目成本的平衡和集成问题进行求解，还有很多学者对该问题的其他方面也进行了研究。William 等(1991)对如何开展工程项目成本控制和工期控制集成展开了讨论，还提供了收集工程项目成本和工期数据的相关模型和分析方法。Erengue 等(1993)则从现金流的角度对工期-成本目标的协调控制问题进行了探讨，并且提出关于合同、工程管理方面的解决方法。Sunder 等(1995)则在假设项目活动持续时间和成本呈线性关系且资源一定的基础上，通过对各个时间段的检查，对有未利用资源的时间段进行活动时间的压缩，同时根据项目净现值(net present value，NPV)和资源的匹配关系来进行决策。

就目前的研究现状来看，对成本-时间的配置关系的研究已经取得很多成果，并且也提出了很多解决这种双目标问题的方法。现有的研究成果可以基本分为启发式算法和数学目标规划两类(Feng et al.，2000)。图 2-2 是项目时间-成本集成管理研究总结示意图。

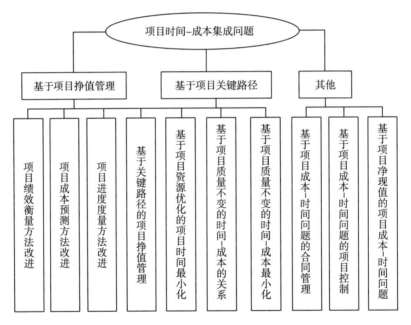

图 2-2 项目时间-成本集成管理研究总结示意图

资料来源：作者根据相关文献整理

通过以上综述可以看出，项目时间和成本两要素的集成研究是开展最早也是目前成果较多的项目要素集成研究领域，而这些问题的研究都有一个共同的特点，就是将项目质量不变作为研究的前提条件和基本假设。然而，在实际的项目活动中，工程项目的建设单位认为项目的质量绩效同样也是十分重要的内容。因此，有的建设项目合同中出现了对质量的要求，并且让决策者试图寻找最优的项目资源利用计划并且使项目成本和项目时间最小化，而使项目质量最大化。这就为资源利用模型带来了新问题，即如何协调建设项目中时间、成本和质量要素目标之间的冲突和多重目标的优化(Elrayes et al.，2005)。为此，很多学者开展了包括项目质量在内的项目三要素集成管理研究。

二、工程项目三要素的集成管理

从目前对工程项目三要素集成管理的研究成果来看，可以将这些研究成果分为两类，第一类是建立了包括不同要素的三要素集成管理模型，并且从不同的角度就模型在项目中的作用和意义进行了说明；第二类则是将项目质量、项目时间和项目成本视为核心要素，并且通过数学建模的方法来寻找三者之间的最优态或平衡点。以下将对这两方面的研究情况分别进行说明。

在上述的第一类研究中，研究者们分别提出由不同要素构成的三要素配置关系模型以及基于这种关系开展集成管理的必要性和作用。如图2-3(a)所示，工程项目的核心要素是项目成本、时间和绩效，之所以这样定义，Dobson(2004)认为项目的质量是项目绩效的一种体现，但是它并不能完全说明项目开展的情况和取得的成绩。与此同时，由于项目目标是依靠完成不同的项目活动来实现的，因此项目成功的衡量指标应当关注项目活动的绩效而不仅仅是项目产出物的质量。

图2-3(b)认为工程项目都有具体的工期、成本和范围，而由这三方面形成的三角形则构成了一个项目的核心，并且这三方面目标的实现决定着整个项目的成功。研究者们认为这三个要素其中任何一个要素的调整都会使另外两个要素受到影响。例如，要将项目工期进行缩短，就会造成项目成本的增加或减少和项目范围的缩小；如果项目成本既定，那么就只能通过延长工期和缩小项目范围来确保计划的项目成本不超支；如果计划的项目范围扩大或缩小，就会带来项目工期的加长或缩短和项目成本的增加或减少。

图2-3(c)所示的情况最为常见，也被很多学者(Babu et al.，1996；Khang et al.，1999；Elrayes et al.，2005)喻为"项目铁三角"，并且基于此开展了一系列关于项目质量、项目成本和项目时间均衡(trade-off)的研究。这些研究认为项目质量、项目成本和项目时间是项目中最核心的三个要素，这三方面目标的实现就标志着项目总体目标的实现，但由于这三要素之间存在互相影响和制约的关系，因此在进行项目管理时应考虑如何在这三要素之间进行权衡，并且寻得最优的项目管理结果。

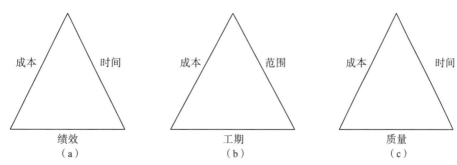

图2-3　项目三要素配置关系比较示意图

资料来源：作者根据相关文献整理

为了获得项目质量、项目时间和项目成本三要素集成管理最佳状态，1996年美国学者Babu等(1996)首先提出了一个讨论关于时间、成本和质量三者配置关系的研究框架，建立了三者间两两相关的线性规划模型。Babu 等假设项目活动、前后序列关系不变，每项活动都有正常完工时间和赶工时间，并且令每项项目活动都有正常完工成本和赶工成本、正常质量和赶工质量，从而假定每项活动的完工时间、成本和质量都呈现一种线性变化，其中项目的总完工时间通过传统的关键路径法(CPM)来进行计算，项目总成本通过对每项活动的成本进行加总而获得，而项目质量则是通过每项活动的平均质量来表示。Babu 等(1996)建立了三个优化模型用于分析项目成本、时间和质量因素三者的关系，并且基于箭线式网络图和线性规划来构建模型。之后，Hamed 等(2006)研究建立了一个三者相关的简单整数规划模型，并且模型的建立都是基于对其中两个要素具备一定的可调整范围，而另一个要素则是既定的假设条件，在此之后研究又得到了进一步深入，他们采用元启发式算法提出了这类问题的解决过程。在对于多目标问题的研究中，通过对多目标进行赋权或者给予不同的目标以不同的调整范围或弹性，研究者基于对项目目标的深入研究，采用不同的方法来实现对项目目标的优化和选择。而另一类解决方法是通过帕累托最优的方式，即不可能在改善一个要素目标的同时而不导致其他目标的降低。面对项目时间、项目成本和项目质量三者的不同特点和它们之间的平衡关系，多目标问题(赋予三个要素一定的弹性，而考虑要素目标的优化和平衡)便成了另一个研究热点。Iranmanesh 等(2008)便基于帕累托最优对项目时间-成本-质量的平衡问题进行了研究。该研究的基本假设是：项目活动可以以不同的实施模式来完成。每一种实施模式是通过项目成本、项目质量和项目时间三者的特点来表示的。对于这类研究来说，其关键词可以总结为：质量的 0～1 区间，非线性，成本-时间曲线。

在国内现有研究中，基于前人对于项目时间-成本、项目时间-质量两要素集成管理的研究，进一步基于网络计划和要素间成线性关系的假设，建立了多目标优化模型。戚安邦(2002)在"挣值管理"思想基础上，通过引进"已获价值"和"已获质量价值"两个中间变量提出了对工程项目质量、时间和费用三要素的集成管理方法。杨耀红等(2006)对处于不确定环境中的工程项目时间-费用-质量优化问题进行了讨论，基于对目标优属度的定义和多属性群决策效用函数理论，建立了工程项目的工期-费用-质量模糊均衡优化模型，同时采用自适应遗传算法提出了模型的求解方法。刘晓峰等(2006)基于前人对工程费用-工期线性函数关系研究的成果，通过统计分析建立了工程质量-费用和工程质量-工期的线性规划模型，并根据工程工期、费用、质量的量化特征和相关关系，利用微粒群算法对工程项目多目标优化模型的求解提出了解决方案。李雪淋等(2007)在建立工程质量-工期、质量-费用和费用-工期两两要素关系模型的基础上，给出了基于向量机的遗传算法的工程项目多目标优化问题的求解思路，并且进一步就该算法的实现流程进行了分析。余晓钟(2004)和曲娜(2006)分别就项目质量、项目成本和项目时间三要素目标间存在的关系及优化的方法进行了讨论，郭庆军等(2009)则通过对项目质量、项目成本和项目时间三者之间关系的分析，构建了工程项目三大目标规划模型，以期通过该模型对项目多目标体系进行集成控制。

从目前对包括项目质量、项目时间和项目成本在内的项目三要素集成管理的研究来看，这些研究都以项目范围一定和不变作为研究的前提条件和研究假设。换句话说，这些研究都是基于固定的项目分解结构和项目活动来进行的，特别是对于项目质量的衡量，都是通过对某一活动的完成情况，逐级上推来实现基于项目过程的项目质量判断。另外，目前关于工程项目三要素集成管理的研究缺乏具体的管理方法及技术，大多数的研究都着重通过数学建模和应用不同的算法来解决三要素的均衡问题，而并没有就如何开展集成或实现最优化的求解结果给出具体的管理方法，这使得很难将这些研究成果应用到实际的项目管理实践中。但值得注意的是，这些研究都是建立在项目两两要素关系的基础上，并且对两者的动态变化关系进行了分析，这些都为本书研究提供了重要基础。

三、工程项目三要素与项目绩效集成管理

由于发现项目三要素的关系无法完整和有效地表达项目系统，并且不能满足动态稳定性的要求，因此在三要素的基础上，有学者又进一步对其进行了扩展和修正。Lewis(2002)将项目绩效、项目时间和项目成本三方面的目标与项目范围相联系，他认为项目范围不仅是项目中的一个不可或缺的部分，同时它也将对其他三个项目要素起到制约的作用，项目范围的变更将导致另外三个方面的变化和项目整体目标的实现。其中各要素的关系如图 2-4(a)所示。

项目管理专家 Kerzner(2006)将以往的项目质量目标换成了"绩效/技术"(performance/technology)，同时还将另外的成本和时间目标与项目资源建立起联系，并指出一切项目活动都受到项目所利用资源的约束，并且项目绩效和技术不单是项目质量实现的体现和手段，同时也能对项目过程进行考察。各要素的关系如图 2-4(b)所示。

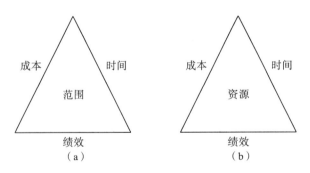

图 2-4　工程项目三要素与项目绩效关系比较示意图

资料来源：作者根据相关文献整理

如图 2-4 所示，这种项目四要素的表达方式与三要素不同的是，除了通过要素表达了项目目标实现的制约因素，还反映了要素间的制约关系。对于图 2-4(a)所示情况，其中将项目范围纳入项目的核心要素之中，并且成为决定其他三个要素的自变量，也就是说它的变化将引起其他要素的变化。但值得注意的是，其中的绩效因素依然是对项目过程，也就是项目活动完成情况的评价，而缺少了对项目交付物的考虑，虽然也指出了项目可交付物的质量取决于项目工作的完成情况，但项目工作的完成绩效却很难反映项目可交付物对满足项目系统功能的情况，这是两个不同的问题，因此这种表达并不能完整体现项目系统的整体情况，亦不是完整的项目要素配置关系。而图 2-4(b)所示的情况，将资源视作项目核

心要素之一，并且指出项目绩效、时间和成本都受制于资源的情况，其中并没有将范围和质量纳入其中，而这就造成了两方面的问题：①由于没有范围这一要素，绩效仅与时间和成本建立了联系，这就造成目标的完成有可能满足了时间、成本方面的目标，而并没有完成应有的范围，而绩效则难以对这种变化进行体现；②项目资源是其他三个要素的约束条件，而在图 2-4(b)中，资源一旦发生变化，其他三个要素必然随之变化，并且项目的其他三个要素的关系是根据资源情况而确定的。但根据实际项目情况，由于项目在资金/成本上、时间和质量目标上有所要求和限制，因此很多时候需要改变一些要素的目标来满足某一要素目标的实现，而此时可能就会造成项目资源的变化。因此，图 2-4 中所示的项目核心要素及其关系并不能完全反映项目系统的要素科学配置关系。

四、工程项目多要素集成管理研究

　　除了对工程项目三要素和四要素的集成管理进行研究，国内外还有很多关于项目全要素的集成研究成果。李瑞涵(2002)对工程项目的全要素集成进行了模型化(图 2-5)，他认为在对工程项目进行管理的过程中，项目的各项要素都是紧密相关的，而项目质量不但是其中的重要元素，同时也是项目的核心要素，它是对项目时间、成本和范围所做安排的结果，与此同时，通过这三要素，项目中任何要素的变更都可能影响项目质量目标的实现，因此需要根据要素之间的关系来为项目质量的最大化开展管理。其中的项目人力、风险和信息等要素虽然不直接作用于项目质量，但是项目人力资源的合理利用与分配、风险控制的水平、信息沟通能力和渠道的情况都将在不同程度上间接影响项目质量，而在开展集成管理时无论是间接还是直接关系，都应该依照这种相互关系来开展相应的管理活动。

　　基于图 2-5 所示的项目要素关系和项目管理过程阶段的划分，本书还对项目要素的管理活动进行了分类，并且在核心管理活动和辅助管理活动分类的基础上，对每个管理阶段针对每种要素的管理活动进行了逻辑关系的研究，使之形成一个完整的管理系统。

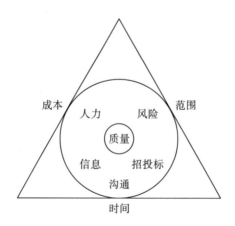

图 2-5　工程项目全要素三角形(李瑞涵，2002)

　　另外，戚安邦(2007)认为项目集成管理的最理想情况是实现包括项目质量、范围、时间、成本、资源和风险等各项目要素的全面集成管理，这是因为项目的所有要素都是相互关联和影响的。只要其中的某一个项目要素发生变动，就会引起其他要素的变动，并且其变动形式也不尽相同，因此不但要对要素本身进行管理，同时也要对项目要素间的配置关系进行管理。项目各要素的配置关系如图 2-6 所示。

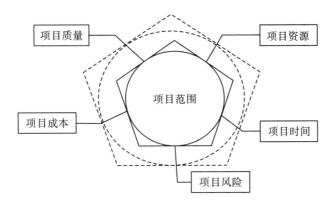

图 2-6　项目多要素集成模型（戚安邦，2007）

如图 2-6 所示，项目的各要素间存在着互动的内在关系，并且这些要素是每个项目都必不可少的，而图中的每一条边的变更和调整，都会使内切圆代表的项目范围和另外几项要素发生变化，正因为存在这样的要素间的相互关联关系，因此在开展项目集成管理时，就必须弄清要素之间存在的客观关系，这样才能开展具有针对性的管理活动。

从目前关于工程项目多要素集成管理的研究情况来看，这方面的研究成果并不多见，除了以上提到的研究成果外，还有一些关于项目四要素集成管理的研究。但这些研究在内容方面多为提出集成管理的模型，而并未对如何实现这种管理提出具体的管理方法。另外，模型的适用性也存在一些问题，而这些问题正是本书研究开展的动因。

五、工程项目全面集成管理研究

除了上述对项目集成管理系统中管理过程、管理主体、管理要素、管理方法和管理目标的专项研究外，还有很多学者从不同角度对工程项目集成、项目整体系统的集成进行了综合研究。以下就对其研究成果的特点和代表成果进行分析。

李瑞涵（2002）分别从工程项目内部集成、外部集成、信息平台建设和可持续发展四个方面对工程项目集成化管理进行了讨论，其中将工程项目的要素集成管理纳入内部集成研究的范围。

除了以上提到的对于工程项目利益相关者、工程项目生命周期、工程项目要素方面的集成，还有很多学者基于现代信息技术，对工程项目的全面集成开展了研究。刘勇（2009）对工程项目集成化管理机制开展了研究，他提出工程项目集成化管理机制的研究主要包括管理系统的激励相容性、环境适应性和调控动态性三个方面的内容，进而对集成化管理机制的设计原理和方法、工程项目集成化管理的特征、如何构建集成化管理机制、集成化管理中的激励与约束机制设计等方面进行了研究。

陈勇强（2004）基于现代信息技术的角度，对超大型工程建设项目集成管理进行了研究。他从项目的信息集成、目标集成、过程集成和参与方集成几方面对如何通过应用信息技术开展项目的全面集成展开了分析。他研究的特点在于从项目业主的角度对超大型工程建设项目结合现代信息技术对项目进行集成管理的可行性和必要性进行了分析，在此基础上首次提出了超大型工程建设项目全过程、全员和全面集成管理的概念，进而建立了基于信息集成的超大型工程建设项目全面集成概念模型。

王乾坤（2006）则是以系统理论创新作为建设项目集成管理的基础。他充分运用系统论、控制论、信息论等理论和方法，从分析集成的内涵入手，在提出集成管理运行机理的同时，构建了基于霍尔三维模型的建设项目集成管理模型，该模型包括时间维——项目过程、知识维——项目要素、逻辑维——组织的三维结构空间体系，并且指出信息平台的建设是实现这个维度集成的基础。其中，对于项目时间维度的管理强调的是项目建设期与运营期的平衡，以及充分运用并行工程与供应链进行建设项目业务流程的重组。而项目组织的集成则是以动态联盟、虚拟组织为基本形态，实施项目决策、组织综合计划、业务实施与控制、绩效分析等一系列贯穿整个项目生命周期的管理活动。而项目知识维度的研究则依然是围绕项目质量、项目成本和项目时间三项要素的目标集成来开展的，并且以信息平台为基础，最终还要实现基于这些维度的项目全面绩效评价。

除了以上所述的研究成果外，骆汉宾（2008）、郭晓霞（2009）、李瑞（2010）等分别针对不同的项目开展了项目集成管理的研究，目前已有的项目全面集成管理的研究可以概括为图 2-7 所示的内容框架。

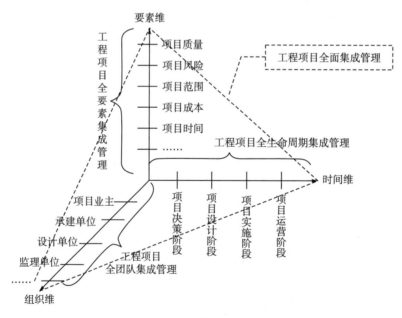

图 2-7   工程项目集成管理研究成果内容框架

资料来源：作者根据文献分析结果整理

如图 2-7 所示，目前针对工程项目集成管理的研究可以分为工程项目全生命周期集成管理、工程项目全要素集成管理、工程项目全团队集成管理和工程项目全面集成管理四个方面。其中，工程项目全生命周期集成管理的研究主要是基于对工程项目生命周期的阶段划分，将管理对象扩大为整个项目过程，并且提出了并行工程、各阶段的信息集成等集成模型。而工程项目全要素集成管理的研究则认为工程项目管理中要对项目成本、时间、质量、范围、风险等各专项管理及其目标进行协调和平衡，以达到项目的整体优化。工程项目的全团队集成管理的研究则是针对项目利益相关主体的不同要求和期望，将项目价值最大化和价值分配合理化作为原则，对项目所涉及的利益相关者进行整体管理，避免项目进行期间出现的利益冲突和矛盾给项目带来损失。而工程项目全面集成管理的研究是基于信息技术对以上三个方面研究的综合，通过建立相关的信息沟通渠道来实现项目信息在不同主体、不同阶段和不同要素之间的传递，从而实现对项目系统的整体把握。

第三章　大型工程项目四要素配置
关系构建原理研究

前文所述的研究成果仅仅包括项目质量、成本和时间在内的项目三要素集成管理，与实践中的项目情况并不相符，且目前所提出的集成管理的相关理论方法也不能满足管理需求，但开展包括项目范围在内的四要素集成管理却是现实需要。为了提出科学的项目四要素集成管理方法，本章将首先基于系统理论、配置与配置关系理论和集成管理理论对要素配置关系与集成管理的关系进行分析，进而结合大型工程项目的系统性分析，提出大型工程项目的四要素配置关系模型，并进一步对这种四要素配置关系的内涵及特点进行分析。

第一节　要素配置关系与集成管理的内涵及关系

本书将大型工程项目的四要素集成管理视为研究内容，但从目前的研究现状来看，不但没有专门针对这四要素集成管理相关的研究成果，针对大型工程项目要素集成管理的相关研究也十分少见。而按照理论、方法论和工具之间存在的关系，即理论为工具和技术提供概念框架，方法论是一个选择和使用工具的过程（Midgley et al.，1998），要提出能够提供管理实践的工具与技术，就必须先从理论下手。因此，以下将从系统的角度对要素配置关系和集成管理之间的关系进行讨论，从而建立能够为实施大型工程项目四要素集成管理提供支撑的理论基础。

一、集成管理的基本内涵

为了提出符合客观情况的管理方法，就必须先弄清管理对象的具体情况和管理活动开展的目的，因此就需要对管理对象的内涵和管理活动本身的内涵有所了解。本章首先从集成管理的内涵分析入手，通过对已有关于集成管理内涵的研究成果进行对比和归纳，提出以下的分析结果。

集成作为一种过程和一种结果，它的实现必须依靠人为活动来加以实现，而对这一实现过程必须进行有效的管理。这是因为所谓的管理，综合各方观点来看，就是通过计划、组织、领导和控制工作的过程来协调所具备的资源，以达到既定的目标（周三多，1993）。从这一点来看，集成管理就是对特定要素进行集成的活动和对集成结果的调整，进行人为的计划、组织、协调和控制，以达到系统目标实现和整合增效目的的过程（吴秋明，2004b）。

从现有的定义可以看出，集成管理的对象是系统要素的集成活动，它既包括对系统组成要素集成过程的管理，也包括对要素集成结果，即集成过程所形成的系统的维持，以及对系统整体在内外部环境作用下发展规律和变化情况的把握。集成管理是对要素集成活动全过程的管理，它使得集成的过程和结果更为有效，它具有五个方面的特征。

（一）主体能动性

集成管理的基本过程包括一般管理中的计划、组织、指挥、协调和控制等管理活动，并且是将集成的思想和原则融入其中来开展管理的活动，而管理本身就是需要管理主体发挥主观能动性的行为过程，因此集成管理也是管理者进行的有意识和有选择的行为过程，其目的在于通过将集成作为核心思想，并且将各种方法和工具有机地运用，从而实现系统集成的结果，因此可以说集成管理不但强调管理活动主体的主观能动性，也强调将集成与管理过程通过主体的努力相结合。

（二）系统相容性

集成管理系统相容性的特征表现为两个方面，一方面是指管理过程中各个阶段和步骤中所涉及工作的相容性，即管理活动要具有统一的目标，并且要能够形成一个统一的整体，这一整体将集成的思想作为核心原则，通过综合运用各种方法、工具和手段开展旨在提高集成对象系统功能的管理（吴秋明，2004b）。另一方面是指管理的对象系统中的各个要素之间要通过集成管理建立相互关系，并形成能够实现系统目标的结构，从而形成一个具备单一或多个要素所不具备的功能的系统，这就要求集成管理在实施过程中不但要选择适宜和相异的要素，同时还要注意在管理中要素间相容性的实现。

（三）整体优化性

系统要素的相容性是实现集成的基础，但这只能满足建立系统的要求，却并不足以实现系统的优化。因此，集成管理的第三项特征就是整体优化性。这种优化是指通过集成管理，能够实现集成要素间的最佳匹配关系，使得整个集成系统有最佳的系统结构和实现最大的系统功能，真正实现"1+1>2"的效果。这就要求集成管理主体基于集成思想，将各种管理方法和技术综合地运用到管理过程中，使各集成要素功能匹配、优势互补，不但能确保管理对象系统的完整性和要素间的相容性，也能实现系统整体协调程度的提高和功能的最大化（海峰，2003）。

（四）目标性

集成管理的最终目的之一也是实现系统的功能需求，因此集成管理有明确的目标性。不论采取什么形式和开展什么内容的管理活动，都应该根据系统目标来进行选择和实施，并且将实施的实际情况与目标进行比较，在判断目标是否在逐步实现的同时，也对管理活动实施效果进行判断，从而在发生偏差时能够及时根据目标要求开展纠偏活动。

（五）过程性

作为一种管理活动，集成管理与其他管理一样是通过一系列的活动构成的，而由于这些活动具备不同的作用，因此也需要有不同技术和工具作为支撑，因此必须选择能够满足系统目标要求的、具有不同作用的管理活动加以组合，并且让使用不同技术的管理活动有很好的衔接，从而形成一个完整的管理过程。而就过程的性质来看，集成管理过程并不是单向的，而是一种具有循环的过程，即根据系统所处时间维度上的变化来施以相应的管理活动。

从以上对集成和集成管理的分析可以看出，集成是集成管理的指导思想，而集成管理是形成集成结果和集成过程的管理过程，它通过管理主体发挥能动性，以计划、组织、协调和控制等活动来实现集成和系统整合增效的目的。

二、配置关系的内涵

通过以上对集成管理内涵的分析可以看出，这种管理是放眼于系统整体，并且以整合增效为目的，因此系统的整体情况对于开展这种管理来说就是重要的依据，而根据系统理论中对系统的分析来看，系统整体的情况取决于系统的功能、结构和要素关系，而这些又是以要素和要素间的关系为基础的，因此要了解系统的整体情况，就必须从要素入手，这样才能为集成管理的开展提供客观依据。而配置关系正是这样一种以要素和要素间关系为基础，能够对系统整体情况进行反映的关系表达。通过对相关研究成果的分析研究，本书对配置关系的内涵和特点进行以下分析。

系统的配置可以分为两个相互关联的部分：一是系统中要素的位态，即从要素的角度来体现系统中各要素的结构和关系；二是经配置的系统实体，即从系统的角度体现系统整体在配置方面的特性。配置的要素反过来会影响整个聚合结果，即形成的系统，但是它们又作为独立实体存在于系统中。作为独立的实体，这些要素会由于个体的属性而产生一些天然的联系，或是在自然属性的基础上通过外力建立联系。要形成具有特定功能的系统，就不单是要素的聚集，更重要的是在其间建立联系，即配置关系，而这种关系有五个特点。

(一)客观性

要素是建立配置关系的基础，因此要素的属性也就决定了要素与其他要素的连接形式和系统功能。然而，在形成系统和建立配置关系之前，要素就具备了其特有的属性，这种属性并不会因为与别的要素建立了联系而产生变化，相反，要素间的联系正是基于对要素所具有的公共属性和专有属性的分析而建立的，因此配置关系是一种反映系统内要素间客观关系的关系。

(二)完整性

这种完整性主要包含三方面的内容：①配置关系主要包括所有必要的要素，能够全面反映系统的属性和特点；②配置关系应该正确反映各个要素在结构上的关系，要素的结构包括纵向和横向的关系，其中纵向的关系是指层次，而横向关系则是指在同一层次上的要素之间的联系；③配置关系应该全面反映要素之间的联系，这种联系必须将所有要素都连接起来，而不能遗漏任何要素。因此，在建立系统的配置关系时，是以两两要素关系为最小单元的，以此为基础还可建立一对多(多对一)的关系。

（三）动态稳定性

动态稳定性是指一旦配置关系建立之后，这种关系就不会因为时间的推移和系统外部环境的变化而变化，无论外部环境发生什么变更，除了要素改变和增减，该配置关系都能正确地表达系统的特点和系统功能的要求（McDermott，1982）。这就要求在建立配置关系时，不但要考虑要素的受约束性和属性的稳定性，同时还要考虑要素之间建立的关系的稳定性。

（四）目标性

配置关系的建立是为了将具备不同功能的要素根据其固有的属性连接在一起而形成一个能够实现一定系统功能的整体。要素的选择、关系的建立、结构的构建都是围绕既定的目标而开展的。换句话说，配置关系是以系统目标为导向而建立的一种不同要素之间的客观关系。

（五）集合性

配置关系是一种多要素之间的关系，这些要素在建立不同关系的同时也就构成了一个要素的集合。而就这一集合来说，又可以分为要素集和关系集，要素集是关系集建立的前提，而关系集则是整个集合成立的必备条件，在两者的共同作用下便形成了能够反映系统目标和系统整体客观情况的要素与要素关系的集合。

综上所述，所谓配置关系，就是以系统目标和功能要求为导向而建立的一种具有动态稳定的反映系统完整形态的要素间的客观关系，这一关系的建立是依据要素的固有属性所开展的。

三、要素配置关系与要素集成管理的关系分析

基于以上对集成管理和配置关系内涵的分析，以下将从系统的角度对配置关系与集成管理的联系进行分析，这也是本书的重要理论支撑。

（一）系统、配置关系、集成和集成管理之间的关系

根据以上对要素配置关系和集成管理内涵的分析，可将这四者的关系用图3-1来表达。

如图3-1所示，系统功能、系统结构和要素关系是系统的三大核心内容，而配置关系则是以系统功能为导向对要素结构和要素关系的表达。其中，要素关系就是配置关系中的"配"，指系统中要素的匹配关系，而"置"则是对系统结构的表达，它表明的是一种要素和要素间关系的层次。而无论是系统结构还是要素关系，都是基于要素属性而建立的客观关系，是满足系统功能要求的要素集合的反映。而集成的目的在于对系统进行整合优化，以达到最佳的系统功能，它不但作用于要素关系，同时也作用于系统结构。为了实现要素集成，便要开展集成管理，集成管理是通过一系列管理活动来实现要素集成的过程，其中包括管理主体、管理方法、管理工具等内容。但无论是系统、配置关系、集成和集成管理中的哪一个，都是围绕系统目标来建立或实施的。

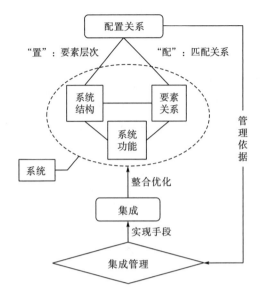

图 3-1　系统、配置关系、集成和集成管理关系示意图

资料来源：作者根据研究结果整理

（二）系统、配置关系、集成和集成管理特性的相关性

对系统、配置关系、集成和集成管理在特性上的统一性和相关性进行分析，以便进一步说明这四者的内在联系，其相关性示意图如图 3-2 所示。

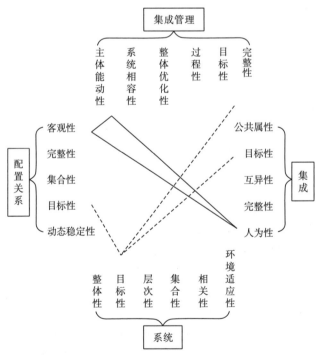

图 3-2　系统、配置关系、集成和集成管理特性的相关性示意图

资料来源：作者根据研究结果整理

如图 3-2 所示，系统、配置关系集成和集成管理四者都一致地具备目标性这一特点，而这种目标性都来源于或服从于系统的目标或功能要求，因此可以说，目标性是这四者内在联系的核心，而配置关系的客观性、集成的人为性和集成管理的主观能动性则是这三者各自的特点。其中，配置关系的客观性是指配置关系是对系统中要素客观关系的反映；集成的人为性则是指通过人为的努力而实现系统功能的优化；集成管理则是为了实现集成而发挥主体能动性开展的一系列活动，也就是说，集成的实现需要以要素配置关系作为依据，而以集成管理作为实现的途径。另外，完整性也是三者所共有的特性，其中配置关系的完整性是指在这种关系中每个要素都与其他要素相关联而形成一个整体；集成的完整性则是指要实现系统整体的优化和功能倍增，就要对依照配置关系所建立的系统进行优化；集成管理的完整性则是通过管理活动来确保集成过程的实现。

总之，配置关系是系统中所含要素及其匹配关系的完整而客观的反映，而集成管理则是实现对系统整体优化的一系列活动，同时也是一个发挥管理主体主观能动性的过程，因此集成管理必须以配置关系为依据来综合运用各种管理方法、工具和技术实现系统功能的最大化。与此同时，由于配置关系是根据系统目标所建立的，而集成管理亦是为了实现系统目标而实施，因此系统目标将决定配置关系的具体形式，同时也将决定集成管理的开展。

以上的分析使系统、配置关系、集成和集成管理四者之间的辩证关系有了清晰的呈现，以下将根据这一理论基础来进行大型工程项目要素配置关系和集成管理的讨论。

第二节　大型工程项目的四要素系统的独特性分析

大型工程项目作为全社会固定资产投资和形成的重要组成部分，也是推动经济发展的重要力量。根据对各地大型工程项目的调研情况来看，这类项目通常是由很多有紧密联系且相互制约的具有自身独特功能的子项目组成的一个有机整体，具有结构复杂、投资大、建设周期长和项目利益相关者众多等特点。Yeo(1995)认为，大多数大型工程项目都被视作复杂系统，其不但在物理体量上很大，并且包括很多子系统和元素，还包括这些元素间纷繁复杂的关系。大型工程项目作为项目中的一类，除了具备一般工程项目的特点外，在项目规模、项目结构、项目组织等方面都有其独特性，而包括项目质量、项目成本、项目时间和项目范围在内的四要素所构成的系统同样具有其特殊性。基于以上从系统角度对项目进行研究可行性和优点的说明，以下就基于系统理论和系统分析的基本内容，对大型工程项目四要素构成的系统进行分析。

根据系统论中对系统的定义和特性的分析，系统是一个具有特定功能(目标)、由许多要素或构成部分组成的，要素间具有相互制约或相互作用的关系，它具有整体性、目的性、层次性、集合性、相关性和环境适应性，而在进行系统建立和分析时便要以这些特性为基础，按照系统分析理论中所包含的系统目标分析、系统要素分析、系统内的相关性分析、系统的层次分析、系统的结构分析和系统的整体分析来进行分析。因此，以下就将结合系统分析的基础理论对大型工程项目中的四要素系统进行分析，以便为进一步开展要素配置关系和集成管理的原理研究奠定基础。

一、大型工程项目四要素系统的目标独特性

系统目标分析是开展系统分析的基础，因为系统目标对系统的建立和发展起到导向性和决定性的作用。根据控制论的原理，一旦系统的目标值设定，系统就将根据反馈的系统信息与目标值进行比较，进而进行偏差修正，使系统始终趋于目标。系统目标(objective)是指系统实现既定目的的过程中的努力方向，它具有明确的导向性(白思俊 等，2006)。对于系统来说，由于涉及不同的要素和功能需求，因此往往会有多个目标，这些目标从不同方面服从系统的总目标，而总目标的实现则是依靠这些分目标来实现。对于这样的多目标系统，通常可以将这些目标构成一个目标集，而这个目标集是通过将总目标逐级分解而形成的。这种目标集中的目标不但在不同层次之间有上下相关关系，同时在同层次之间也会有关联(白思俊 等，2006)。而通过分解形成的目标子集不但要能够从各方面来完整表达总目标，还应具有可度量性，以及系统管理的必要性和可控性。

基于以上对系统目标分析基本内容的说明，可以看出大型工程项目的目标是为实现一个组织的特定目标服务的，并且以项目整体的交付为标志，所以项目必须根据项目相关组织和利益相关者的要求来确定项目的目的和具体内容。而由项目质量、项目成本、项目时间和项目范围组成的系统，其总目标就是实现项目的顺利交付，但这一总目标的实现则可以分解为四要素目标，并且缺少了其中任何一种要素目标，项目的总目标都不能予以实现。然而，由于大型工程项目对服务区域内的影响巨大，其项目的目标除了要与远期所处区域的经济和社会发展目标相一致之外，还要与近期已有的区域发展规划相一致，这就使这种项目相对于其他工程项目有了来自区域内规划、公共服务等部门更多的约束，也使得这些部门成了项目的重要利益相关者，所以由于这类项目所涉及的利益相关者除了具有一般工程项目的利益相关者的特点，还具有其特殊性，因此作为满足项目利益相关者需求和期望标志的项目目标也是权衡这些利益相关者的结果。

从项目功能的角度，即整个系统的功能来看，大型工程项目也具有多样性的特点，这是因为大型工程项目相对于其他工程项目来说，由于其要满足多方利益相关者的需求，因此很多此类项目都具有多功能性。例如，很多城市交通枢纽工程兼具铁路运输、地面交通枢纽、公交车站、商业区和城市景观等功能。因此，在多种功能的要求下，这种项目往往具有一个目标群，而每一个目标又需要由一个子项目来实现，而每一个子项目目标的实现又与四要素紧密相关，因此也就形成了四要素本身内部的复杂性。

二、大型工程项目四要素系统的要素关系独特性

为了达到系统既定的功能，也就是实现系统的总目标，就需要选择相应的要素，而系统要素并不一定与系统目标——对应，大多数情况下需要通过"要素集"的形式才能满足系统目标之中的某一部分功能需要，因此系统要素集往往是与系统的分目标或目标单元相对应。系统要素集的确定可以基于目标树的建立来完成，对应于总目标的分解结果，系统的要素也将被划分为要素集，于是便形成目标和要素的对应关系，分目标或目标单元对应的是系统的功能单元，即能够实现某一功能的实体，而要素则是在某一功能要求下的要素

集的组成部分。

系统要素集或功能单元的选择与确定只是完成了根据系统既定目标确定所需的系统构成要素的工作，但这些要素集是否能实现系统目标，还取决于它们之间的相关性，因此需要在要素分析的基础上进一步对系统进行相关性分析。要素间的关系具有多样性，而这种种关系便组成了要素集之外的构成系统的另一大子系统，即要素相关关系集。其中，系统要素集决定了系统的功能构成，而相关关系集则决定了系统的形成和结构。

对于大型工程项目的四要素系统而言，其中的项目成本、项目时间、项目质量和项目范围是构成这一系统的基础，但事实上这四要素又能被进一步分解，按照上述系统性思维中通过"分解"来分析问题的这一主旨，这四要素又能进一步构成一个子系统，而这些子系统中的结构和元素则各自具有其固有特性，而四要素的关系则是建立在这种属性中的公共属性之上的，从而将四要素结合起来形成一个具有既定功能的系统。然而，由于大型工程项目中通常具有很多子项目，而每个子项目中都涉及这四种要素，因此虽然单个子项目中这四种要素的关系并不复杂，或者对于某种要素来说各个子项目之间的关系并不复杂，但是诸多项目单元和要素层次之间的大量相互联系便会产生很强的项目复杂性。

从具体的要素情况来看，除了由于项目目标多样性导致的多层次性和结构上的复杂性，其中的各个要素还具有各自的特殊性。对于项目时间要素来说，项目时间可调整性较低，往往要求在规定时间内完工，这是由于大型工程项目在建设过程中对周边社会和自然环境的影响较大，因此应尽量控制建设时间，降低影响程度。为了达到缩短建设时间的目的，这类项目往往会存在很多的并行工程，以此来加快项目的进度，确保项目按时完工。由于项目中包含多种功能的子项目，因此大型工程项目中的项目质量也受其影响，各个子项目的质量要求不尽相同，对于有的子项目而言，其质量具有一定可调整性，如部分工程中的绿化工程，而有的子项目的质量则没有可调整的余地，例如交通枢纽工程中的车辆通行相关设施。综合来看，这类大型项目的质量还需要根据具体的情况来确定，不可用"一刀切"的形式来确定，要以满足需求为准则。对于项目成本来说，一方面由于此类项目涉及的子项目种类较多，因此在建设所用的资源类型上也趋于多样化，这就导致项目成本的计算有了很强的复杂性，加之几乎没有就地取材的可能性，导致几乎所有资源的价格都受到市场行情的影响；另一方面，由于并行工程的大量存在，给项目成本的控制带来了挑战，这是因为需要在同一时间内面对不同类型的项目活动和不同的成本类型，并且在具有众多承包商参与的同时，要对整个项目开展成本管理其信息量将十分庞大，处理过程也十分复杂。最后，对于项目范围来说，由于要实现具有多样性的项目目标，因此项目范围中包含的项目活动和项目产出物的内容都会十分复杂，而由于其中存在大量的并行工程，因此在对项目范围开展管理时会增加其复杂性。

三、大型工程项目四要素系统的结构独特性

由于要素集和要素通过多种形式的关系相关联，并且要素包含在要素集当中，导致系统中的要素对于系统整体来说可能是以多层次的形式存在的，处于同一层次的要素集的类

型，层次之间的关系形式、层次的数量及存在的形式都将对系统有重要影响。这种层次性也是由于系统目标的复杂性和多样性所决定的，由于系统目标的实现很难通过单一的功能单元来实现，因此也就不可能依靠唯一的要素集来实现，而要素集的存在就是因为很难由单一要素来实现功能单元的功能，这就需要对要素、要素集进行组合，以此来实现系统整体的功能要求。因此，从要素的角度来看，也就形成了要素的层次性，而这种层次性同时又对应着系统功能的层次性，上一级的功能单元将作为下一层功能单元的功能集。在实现这种层次分析的时候，要注意各个层次间的关系、功能单元的归属和相互匹配问题。

系统结构是系统维持整体性和实现系统整体功能的内部依据，是反映系统内部各要素之间相互关系、相互作用和相互影响形式的形态化，是系统中要素间秩序的规范化和稳定化(常绍舜，2011)，因此系统功能与系统结构是密不可分的。如上所述，系统的相关性分析解决的是同一层次中组成部分的关系和建立联系的形式，而层次性分析则是分析了不同组成部分在纵向上的从属关系。系统结构分析的目的就在于在总目标和系统外部环境的约束下建立合理的项目要素横向与纵向结构，这种结构应是要素在层次上的最优组合形式，这一结构不但能使各个部分得到有机连接，并且能够实现系统的既定总目标。

对于大多数大型工程项目来说，结构复杂性可以说是其又一个明显特征(Remington et al.，2008)，之所以存在这种复杂性是由于这类项目具有多层次的特点，并且这种层次性往往将项目分解为很多很小的可以交付的项目管理单元，而基于这种可交付物的分解，不同的要素也就形成了内部层次性，因此在项目管理中就需要跟踪大量的、不同的、互相联系的项目任务和活动。对于四要素组成的系统来说，每一个要素都会与其他所有子项目有密切关系，并且要素本身也会具有层次性，因此在项目元素(子项目)和项目四要素的交汇中，也就形成了这种系统在结构上的复杂性。

四、大型工程项目四要素系统的整体独特性

系统的整体性分析是系统分析的核心，其主要分析系统的动态稳定性、目标一致性和效用最大性，也就是分析是否能实现系统整体的最优。以上所述的要素分析、相关性分析和层次性分析事实上只是对系统某一个侧面的分析，而结构分析虽然着眼于系统整体，但更多地是考虑要素集、相关关系集和层级性分析结果的综合和满足系统的功能需要，而系统的整体性分析则是在结构分析的基础上进一步进行综合考虑，使得整个系统实现结构的动态稳定，同时确保每一个组成部分与系统总目标的一致性和系统整体效用的最大化，从而体现系统整体的特性。系统整体性的最优性是在要素分析、相关性、层次性和结构分析可行的基础上来开展分析的，由于这些变量都有各自的变化，因此对于既定的系统目标，需要通过调整和协调每种变量，最终形成满足系统总目标的最优结果。

大型工程项目除了内部有若干层次外，自身同样也是项目环境系统中的一个组成部分，因此在进行项目的系统分析时，不仅应该考虑项目系统内部的结构、要素和要素关系，同时也应该对项目环境的影响有所考虑，以下就将根据前文提到的系统分析相关内容，对大型工程项目的系统进行简要分析。基于前文对系统概念的分析可以看出，任何一个系统都要具备环境适应性，而这种环境适应性是对系统整体而言的。大型工程项目作为一个系

统，也处于一个由社会、宏观经济、自然环境等因素共同形成的项目环境中，而在这种环境中，项目整体功能的实现因项目要素受到来自项目环境的影响而受到制约，并且这种影响不论发生在项目中的哪一层次，都将对项目整体造成影响。对于大型工程项目来说，其所面对的人文环境十分复杂，同时受到以项目所处社区、区域的居民和相关部门为代表的不参与项目建设的项目利益相关者的影响，项目的整个外部环境具有很高的不确定性。因此，在对大型工程项目进行管理时，由于项目所涉及的外部因素众多，不但应该对项目的各个要素和其间的关系加以关注，还要对项目整体进行管理，这也是开展集成管理的重要原因之一。

从以上分析可以看出，大型工程项目具有规模大、周期长、投资大等特点，因此有较强的社会、经济和环境影响力，而项目内部则具有层次多、结构复杂等特点。虽然对大型工程项目开展集成管理是较为困难的，但集成管理的实施对于大型工程项目的成功却是至关重要的，因为只有关注这种项目系统的集成和实施集成管理，才能确保整个项目能够在纷繁复杂的项目环境中动态地实现其功能(Yeo, 1995)。根据前面对集成管理和配置关系的分析可以看出，要实现对系统要素的集成管理，就要了解系统要素之间的配置关系，因为要素间的配置关系是实施集成管理的依据。

第三节　大型工程项目四要素配置关系的内涵

从以上对大型工程项目的系统性分析可以看出，由于这种项目在项目目标、项目结构、项目功能和项目整体方面都存在一定的特殊性，而要对这种项目开展集成管理就必须首先弄清集成管理的依据，也就是项目要素配置关系的情况。因此本章将结合第二章中对大型工程项目特点分析的结果，在进一步说明目前项目三要素和四要素配置关系中存在问题的基础上，提出符合大型工程项目特点的四要素配置关系的基本模型，在对其为什么能够正确反映这种项目的整体性的原因进行解释的同时，对这种配置关系的特点也进行全面分析。

一、大型工程项目四要素配置关系的提出

从目前的研究成果来看，国内外很多学者都对什么是工程项目的核心要素问题进行了研究，并且都以三角形的形式给出。其中，Dobson(2004)认为工程项目的核心要素是项目成本、项目时间和项目绩效，项目的质量是项目绩效的一种体现，但是它并不能完全说明项目开展的情况和取得的成绩，因此项目成功的衡量指标应当关注项目活动的绩效而不仅仅是项目产出物的质量。Thomas 等(1998)认为工程项目都有具体的完成时间、成本和工作范围，而由这三方面构成的三角形则构成了一个项目管理的核心，并且这三方面目标的实现将决定整个项目的成功，这种情况则是被很多学者(Babu et al., 1996；Khang et al., 1999；Elrayes et al., 2005)喻为"项目铁三角"的项目质量、项目成本和项目时间三要素。这些研究认为项目质量、项目成本和项目时间是项目中最核心的三个要素，它们将决定项目目标的实现，同时也是项目要素集成的关键。

而相比于目前对于项目三要素集成的相关研究成果，项目四要素集成管理的研究成果较少，而其中主要的两种观点分别是：项目管理专家 Kerzner(2006)将以往的项目质量目标换成了绩效/技术(performance/technology)，同时还将另外的成本和时间目标与项目资源建立起联系，并指出一切项目活动都受到项目所利用资源的约束，并且项目绩效和技术不单是实现项目质量的手段，同时也能对项目过程进行考察；Lewis(2002)提出将项目绩效、项目时间和项目成本三方面的目标与项目范围相联系，他认为项目范围不仅是项目中的一个不可或缺的部分，同时它也将对其他三个项目要素起到制约的作用，项目范围的变更将导致另外三个方面的变化，影响项目整体目标的实现。

(一)现有研究中存在的缺陷和不足

如上所述，虽然目前已经有了一些关于项目三要素和四要素集成管理的研究成果，同时也对其中各个要素的配置关系进行了讨论，但是将这些成果与实际项目中的要素情况相比较，这些观点却不能很好地解释实际出现的问题，也不能为集成管理工作提供指导，其存在的缺陷和不足主要体现在两个方面。

1. 三要素配置关系无法全面反映项目系统的整体情况

以项目绩效、项目时间和项目成本三要素建立的项目配置关系并不完全满足对项目要素配置关系的要求，这主要体现在两个方面：①没有对项目要开展的工作对象的描述，项目的目标是通过项目工作和交付物两方面来实现的，这样的表达就无法完整地说明项目可交付物的情况，而对可交付物的评价则要通过质量来完成；②由于缺少项目范围，也就是缺少项目工作的内容，其中成本或时间的变更很难判断是因为项目工作完成不利还是因为项目范围有所扩大，因此这种关系缺少了配置关系中的动态稳定性。也就是说，这样的表述中其实有着项目范围固定不变的假设，但是在实际项目的实施中，项目范围是经常变化的，而这种变化也是由项目目标所导致的。

如果以项目范围、项目时间和项目成本作为项目的核心要素，在这种表达中虽然包括要实现项目目标的项目活动或工作，即项目范围，但却没有项目质量这一要素，这就使得缺少对项目可交付物的度量和项目整体功能的考虑，因为项目整体功能的实现有赖于项目中每个可交付物的质量情况，因此从完整性方面来说，这种表达尚不满足配置关系完整性的要求。与此同时，由于缺少质量要素，即便是在三者一定的情况下，也有可能形成不同的项目质量。因此，这种表达只注意了项目目标在项目实施过程中的情况，而没有考虑可交付物是否满足项目目标的情况。

而对于以项目成本、项目时间和项目质量三要素作为核心要素建立的配置关系，其中并未考虑项目范围因素的影响，也就是只考虑了项目可交付物对项目目标的影响情况，而没有对项目工作即项目过程加以反映。但事实上，项目交付物的实现是依靠项目工作来完成的，而项目工作或活动的完成情况又与项目成本和时间有着密切联系，一旦项目范围发生变化，项目的其他三个要素也会发生变化，因此从这一点上来看，这种表达并不满足配置关系中对完整性和动态稳定性的要求。

2. 四要素配置关系无法正确反映项目的整体情况

在将项目绩效、项目时间、项目范围和项目成本等作为项目的核心要素的情况下，项目范围成为决定其他三个要素的自变量，也就是说它的变化将引起其他要素的变化。但值得注意的是，其中的绩效因素依然是对项目过程，也就是项目活动完成情况的评价，而缺少对项目交付物的考虑，虽然文中也指出项目可交付物的质量取决于项目工作的完成情况，但项目工作的完成绩效却很难反映项目可交付物满足项目系统功能的情况，这是两个不同的问题，因此这种表达并不能完整体现项目系统的整体情况，亦不是完整的项目要素配置关系。

而在将项目资源、项目技术、项目成本和项目时间作为项目核心四要素的研究中，并没有将项目范围和项目质量纳入其中，而这就造成了两方面的问题：①由于没有项目范围这一要素，项目绩效仅与项目时间和项目成本建立联系，造成项目目标的完成有可能满足了项目时间、项目成本方面的目标，但并没有完成应有的项目范围，而项目绩效则难以对这种变化进行体现；②项目资源是其他三个要素的约束条件，项目资源一旦发生变化，其他三个要素必然随之变化，并且项目的其他三个要素的关系是根据项目资源情况而确定的。但对于有的项目来说，由于项目在资金/成本、时间和质量目标上有所要求和限制，因此很多时候需要一些要素的目标来满足某一要素目标的实现，而此时可能就会造成项目资源的变化。因此，这种项目四要素配置关系并不完全是反映项目系统要素的科学配置关系。

(二)大型工程项目四要素科学配置关系的修正

基于以上对现有项目三要素和四要素配置关系内容和特点的分析，结合第一章中对大型工程项目特点的分析可以看出，在实际的项目操作中，项目范围这一要素对于项目质量、项目成本和项目时间都有着决定性作用。例如，为了保证项目的时间目标实现，就必须在原计划的项目范围内通过减少部分项目工作来缩小项目范围，或者通过增加项目成本获取新的施工技术，进而调整项目范围内的项目工作来实现建设时间的缩短。因此，本书结合以上研究结果，建立了如图 3-3 所示的项目四要素科学配置关系。

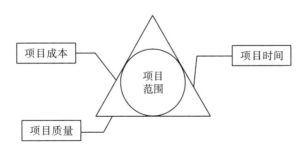

图3-3　大型工程项目四要素科学配置关系示意图(戚安邦，2007)

如图 3-3 所示，这种反映项目系统基本属性和系统功能的四要素科学配置关系包括项目范围、项目质量、项目成本和项目时间，其中项目范围是核心要素，它决定了项目成本、项目质量和项目时间三要素的情况，而这四要素关系的建立则受到项目资源约束的影响。这些要素与项目目标间的关系可用式(3-1)表示：

$$Y = f(Q,T,C,S)$$
$$\text{subject to}: R \tag{3-1}$$

式中，Y 表示项目目标的实现情况；Q 为项目质量目标，$Q = f(S)$；T 为项目时间目标，$T = f(S)$；C 则为项目成本目标，$C = f(S)$；S 为项目范围目标；R 为项目人力、物力、信息等资源的约束条件。

如式(3-1)所示，项目目标的实现取决于项目范围、项目成本、项目质量和项目时间四个要素，它们所组成的配置关系反映了项目系统的整体情况，并且由于项目范围作为其中的自变量，项目质量、项目成本和项目时间都取决于项目范围的设置情况，但项目整体目标的实现并不仅仅取决于项目范围，而是由项目质量目标、范围目标、时间目标和成本目标所共同构成的。

二、大型工程项目四要素配置关系特点分析

基于前文中对要素配置关系的分析，配置关系作为实现配置的核心内容，其不但是对要素的整体描述，同时也是一个独立的结果，可用于对系统内部要素的相关关系、结构和各个要素之间互动关系和客观规律的表达。基于对诸多文献(Mittal et al.，1989；Axling et al.，1994；Wielinga et al.，1997；Timo et al.，1998)的总结，本书认为配置关系所包括的内容可以概括为结构、要素、约束和功能四个维度。以下就将对大型工程项目四要素配置关系的每一个维度的特点进行分析。

(一)大型工程项目四要素科学配置关系的要素特点

配置关系中的要素维度包括公共属性和专有属性两方面。属性代表一种要素的特点，这种属性来自要素对系统所具有的特殊价值。要素的属性很大程度上由要素内部组成元素之间的关系和元素构成的形式来决定(Wielinga et al.，1997)。总的来说，要素内部元素的特点、组合形式等将直接决定要素的属性，而要素的属性则是配置关系建立的基础。更重要的是，要素自身的属性与配置关系中的结构、约束和功能三个维度有着紧密关系。具体来说，其中的公共属性决定要素之间是否能建立联系，而专有属性则形成了要素之间的相异性，这种相异性使得配置的系统具有特定的功能。由于要素内部的元素具有结合的结构和层次，而这种层次以及内部的结构将决定是否能与其他要素相结合，并且如何将要素相结合而每个要素的内部元素也能够"互相兼容"，这就要求要素内部的元素也要与其他要素的内部元素和结构有适合的组合方式和关联关系。而对于约束来说，各种约束对配置关系的影响其实是通过要素和要素之间的关系产生的，而要素是由元素所构成，因此约束作用的对象也是要素中的元素及元素的构成形式，有很多约束也是来源于对元素的影响，因此约束也可以根据不同的作用层次进行层次化分解。而配置关系所要实现的功能之所以存在互补性和叠加性，是由于各个要素在组成元素和元素构成的结构上有所不同而形成了不同的属性，但对于每种要素来说，其中的部分元素可能具有相同的特点或组成结构，而如

果在结构上可以结合，即相异元素内部结构匹配，可形成"接口"，那么就可以实现元素结构上的结合，形成功能的互补，而如果有相同的组成元素作为"接口"，那么就可以形成功能的叠加。

对于配置关系中的要素属性而言，可以分为公共属性和专有属性两类，其中公共属性是建立要素间联系的基础，而专有属性则是确保系统功能实现的必要条件。对于上述所列出的项目核心四要素来说，其公共属性就是这些要素都是为实现项目目标而以不同形式表现，与此同时，它们又各有各的功能。换句话说，根据前文中所述的项目目标的多样性，项目目标可以按照这四要素分解为四个不同的目标，这四方面的项目目标决定着项目的成败。根据目前已有的相关研究结论，可以将这四要素与项目目标的关系概括为图 3-4。

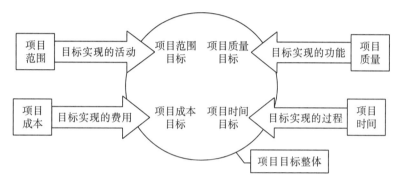

图 3-4　大型工程项目四要素与项目目标关系示意图

资料来源：作者根据研究结果整理

如图 3-4 所示，项目目标分别由项目范围目标、项目成本目标、项目质量目标和项目时间目标构成，只有当这四方面的目标都得以实现时，项目才能真正完成，之所以有这样的结论，是因为这四要素目标分别是项目目标在不同维度上的表现。其中，项目范围刻画的是项目的"模样"和"大小"（戚安邦，2007），这一方面是指项目要完成可交付物的数量和质量，而这些交付物的产生要通过什么样的工作来实现，也就是说，项目范围目标是指为了完成项目，究竟要开展些什么工作和项目活动。而项目成本是指为实现项目目标而开展的各项目工作或项目活动中所消耗资源而产生的各种费用，因此项目成本目标就是完成项目范围目标所需要的花费。根据质量的相关概念，质量就是产品在使用时能够满足项目用户需要的程度(朱兰，1981)，那么可以说项目质量就是项目交付物能够满足项目业主需要的程度，这也是对功能的一种要求，因此项目质量目标的实现就是项目功能达到了项目利益相关者的要求，而这一目标是基于项目范围中所涉及活动按质量完成而实现的。最后，项目时间要素则是对项目过程的一种描述，也可以说是项目范围中所涉及工作的一种时间维度的安排，它决定了项目这种"一次性"过程的起始点。从以上分析不难看出，项目范围要素与另外三项要素都有关联，它是建立其他三项要素目标的基础。

通过对四要素各自属性和目标的分析可以看出，项目范围、项目质量、项目成本和项目时间四要素虽然是截然不同的，但是它们都是项目目标实现所不可或缺的要素，其各自目标的实现是项目整体目标实现的基础，因此项目目标作为其公共属性，使得这四要素有了建立配置关系的基础，而它们的特有属性也促成了项目整体功能的实现。

(二)大型工程项目四要素科学配置关系的功能特点

对于配置关系中的功能这一内容，很多学者有着不同的意见，Wielinga 等(1997)认为功能和要素并没有十分明显的差异，因为要素的功能将决定配置关系形成后的系统功能，但 Pernler 等(1996)为代表的学者则提出应该区分这两个概念，因为不同的主体对于配置关系形成后的结果的关注内容并不相同，但要素的功能更多的是一种客观属性，并不会因为配置关系的建立而发生变化，而配置关系的形成是为了满足约束条件和主体对结果的要求。基于将功能和要素相区分的观点，将配置关系中功能维度的内容分为功能叠加和功能互补两类(Clarke，1989)。其中功能叠加是指为了达到某一所需程度，而通过将要素相结合来增强功能；功能的互补则是指为了使所形成的系统功能更加完整而满足要求，让具有在功能上互补的要素相结合，使得系统按照建立的配置关系能够发挥需求的功能。

如上所述，工程项目四要素虽然具有项目目标性这一公共属性，但正是由于它们还具有自身的专有属性，因此可以满足项目目标实现的需要，可以说这四要素配置关系的功能维度表现为一种功能互补。换句话说，这四要素中的任何一个要素都具备其他要素所不具备的特有属性，而这种属性决定了其功能的特殊性，而只有将这四方面的功能进行组合，才能形成满足项目目标要求的系统，而这种功能互补性主要体现在项目过程和项目交付物两个方面。

如图 3-5 所示，项目四要素配置关系在功能维度方面表现为功能互补，而这种功能互补又体现在项目实现过程，即项目工作，以及项目实现结果——项目交付物两方面。在项目工作方面，四要素分别体现为工作范围、工作质量、工作成本和工作时间，其中工作范围说明了项目工作的内容，工作质量则是对工作要达到的效果进行要求，工作成本表明了完成既定工作所需的花费，而工作时间则是根据工作的逻辑关系对具体的项目工作在时间维度上进行定位。在项目交付物方面，交付物范围说明了交付物的数量和内容，交付物质量是对交付物功能的规定，交付物成本说明了交付物的价值，而交付物时间则是对不同项目阶段工作结果的表达。

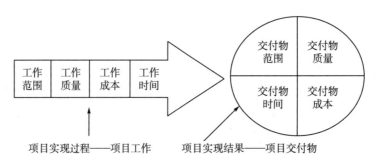

图 3-5　大型工程项目四要素配置关系功能维度分析

资料来源：作者根据研究结果整理

总体来说，四要素的配置关系涵盖了对项目实现过程到结果的系统表达，其中项目工作是形成项目交付物的基础，而交付物则是项目工作的结果，对于项目目标的实现来说，两者缺一不可。因此，这样才能形成完整的配置关系，并且体现项目系统的特点。

（三）大型工程项目四要素科学配置关系的结构特点

在早期关于配置关系中结构的研究，往往将要素假设得过于抽象，而忽略了其中所包含的元素和结合形式，导致不能很好地反映要素的本质，并且在建立关系时会忽略某些界面，使得建立的关系不完整(Artale et al.，1996)。而通过研究者的不断完善，指出在建立配置关系时，不但应该考虑要素的基本属性，同时应该考虑其中的亚结构、亚分类和数量情况(Axling et al.，1994)，而这些就涉及配置关系的层次性。但是要全面掌握一个要素的内在情况是十分困难的，因此一些学者提出的"部分法"和"探查法"(Peltonen et al.，1998)便是一个能够实现功能需求的有效办法。这种办法建议根据系统的目标，去研究要素是否具备满足功能的属性，而不是先了解要素的全部属性；然后在这"部分"属性的基础上建立配置关系，而这种在部分之上建立的配置关系，即是由于在这一部分上要素具备了公共属性，使得要素和其他一个或多个要素有了连接的界面，而每个要素的连接形式将直接决定整个系统的结构。

配置关系的结构维度包括系统层次和连接方式两个内容。对于项目四要素的配置关系来说，项目系统层次来源于项目范围中对项目工作和项目交付物的逐级细分，而另外的三种要素则可以根据这种细分结果形成相应的层次结构。而就连接方式来说，项目四要素之间包括一对三(三对一)和一对二两种连接方式，项目要素间正是以这种连接方式构成了配置关系的完整结构。值得注意的是，由于项目范围对项目系统的分解包括项目可交付物和项目活动/项目工作两类，而项目活动是实现项目可交付物的基础，因此这种分解的最小单元是项目活动，这也就成了建立这种配置关系中各个要素间的"接口"。项目四要素在这种"接口"上以不同形式相联系，并且形成如前所述的两种连接方式，具体情况如图 3-6 所示。

如图 3-6 所示，通过项目范围的细分，不但形成了从项目范围目标到项目活动的层次结构，同时相应的其他三要素也有了其特有的要素层次结构，但四种要素在项目活动这一层次建立了联系，项目活动说明了需要完成的工作的内容，项目活动排程则说明了项目活动的开始与结束时间，项目活动质量说明了该项工作所要达到的水平，而项目活动成本则是对完成工作所需资源价值的反映。与此同时，以项目活动为接口，分别在四要素之间建立两两相关的联系，以这种联系为基础，进一步形成项目范围与其他三要素，以及其他三要素之间通过项目活动建立的间接联系。可以说，项目四要素配置关系结构的层次性来源于其中各个要素的可分性，虽然每个要素由于自己的特点不同，所划分的层次也不同，但却可以在项目活动的层次形成连接，并且形成多种形式的连接方式，从而构成完整反映项目情况的配置关系。

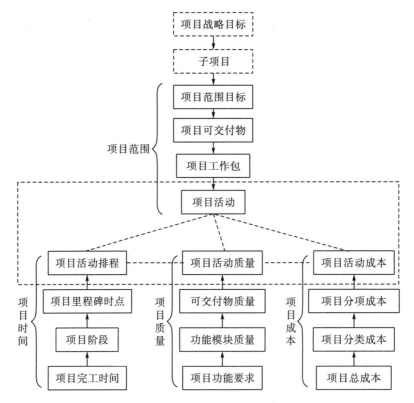

图 3-6 大型工程项目四要素配置关系结构分析示意图

资料来源：作者根据研究结果整理

（四）大型工程项目四要素科学配置关系的约束特点

约束几乎被用在所有对于要素相关性的描述中，并且很多时候它都被抽象为一个实体或者对象（Gruber et al.，1996），这是由于约束内部也有着复杂的依赖性和关联性，并且包含着多种类型的组成元素，很难穷尽其类型。因此本书也采用前人的研究成果，将约束条件抽象为一个对象，一个对配置关系中各个要素和要素间互动关系产生影响的对象，并且将其分为外部约束和内部约束。其中，外部约束多为一种客观的，不可为人改变、调整和施加控制的约束，这种外部约束来自系统的资源情况，根据 Heinrich 等（1991）的研究结果，资源的类型可以决定配置关系的结果，这主要是要素间的关系受到资源的属性影响。同时，因为资源作为维持要素和要素关系存在的基础，它将通过对要素内在的影响而促成天然的集成。由于资源有其特殊的属性和特点，因此也可以利用这一点来通过平衡和调整资源，间接影响要素之间的关系，从而形成更为科学的配置关系。而内部约束则更多的是一种主观的形式，可通过人为努力而进行控制，以便其对要素间关系稳定性的影响降到最低，这也是要素变更弹性的来源之一，并且也是让配置关系满足约束的一个有效途径。

配置关系中的约束维度是指任何系统都会受到外界环境的影响，而系统要具备一种环境适应性，因此作为完整反映系统内要素间客观匹配关系的配置关系就要具备一种动态稳定性，这种动态稳定性很大程度上就来源于要素间关系对环境变化的适应情况，而要具备适应性就要对环境中的约束进行分析，只有在约束下建立的配置关系，才不会因为环境的变化轻易失效，同时这种约束也是促进配置关系进一步完善的推动力。

对于项目四要素配置关系来说，同样面对着来自项目系统外部和内部的约束，其中系统外部约束主要是由项目资源所引起的，而系统内部约束则是项目利益相关者对于系统目标的要求，以及要素间和要素内部的客观制约关系，而这些都是在建立配置关系时需要考虑的。对于资源约束来说，由于每种要素具有特有的属性，它们和资源的关系也不尽相同，因此所受到的制约情况也呈现出不同的情况。四要素与资源的关系可以概括为图 3-7。

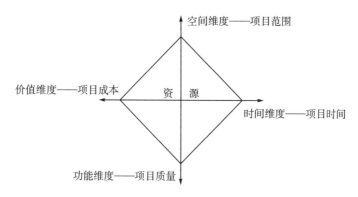

图 3-7　大型工程项目资源与四要素关系示意图

资料来源：作者根据研究结果整理

如图 3-7 所示，项目四要素分别是资源在不同维度的表现形式，而资源也是通过这四个维度对项目产生影响，项目也因此受到制约。其中项目时间是项目资源在时间维度的表达，也就是项目在实施过程中资源在时间维度上的分布情况，如果项目只能在既定的某一时段内获得资源，那么就将产生项目时间的约束。项目范围是资源在空间维度的表达，也就是要开展项目工作和获得项目可交付物都需要什么样的资源，如果不能取得相应的资源来满足这种需要，就会产生相应的对项目范围的约束。项目质量是从功能维度体现资源在项目中的作用，要完成项目、实现项目目标就是要产生满足项目利益相关者功能需求的项目产出物，而这种功能的实现需要依靠不同的项目资源来实现，如果不能获取或者只能部分获取具有相应功能的资源，项目就会形成质量制约。项目成本是对项目资源在价值方面的表达，及获取满足项目目标实现的资源需要的花费。以上这四方面构成了资源对于项目的约束，但由于资源的情况不同，每种约束的强度也不尽相同，因此每种项目要素目标可调整范围也有所区别。而对于项目内部约束来说，一方面是来源于项目活动之间所具备的固有的逻辑顺序，另一方面则是来自组织对要素的管理能力，而这正是开展集成管理的必要性所在。

综上所述，配置关系是基于要素而建立的，而要素的专有属性和公共属性则对配置关系有着最根本的影响。由于要素内部存在自身特有的结构和层次，必须从系统层次和连接形式两方面来考虑配置关系的结构。一个正确的配置关系必须满足功能的需求和相应的约束，而对功能的满足则是通过功能的叠加和功能的互补两种形式对要素的功能进行组合，来自资源的外部约束和主观因素造成的内部约束则是通过影响要素间关系的形成和建立来发挥作用的。

三、大型工程项目四要素配置关系的构成

对于项目要素间的配置关系来说，它的本质就是对项目要素间客观存在的匹配关系的描述（戚安邦，2007），而这种匹配关系在对项目要素系统整体进行表达的同时，又被系统内的要素、要素之间的结构、系统的功能要求和要素所受的约束所制约，这一点对于大型工程项目中的四要素配置关系也不例外。因此在建立这种配置关系时，必须要充分考虑项目的客观条件与项目特点，并且还要按照要素既有属性来寻找能够反映和符合项目客观情况的要素间的匹配关系。鉴于此，以下将基于前文中对配置关系内涵及特点的分析结果，对大型工程项目四要素配置关系的基本构成进行阐述。

（一）项目四要素中两两要素间的相关关系

在对配置关系内涵的分析中可以看出，这种配置关系是以两两要素间的相关关系为基础的，而这种关系的形成是由要素间存在公共属性而建立的。与此同时，由于每个要素作为系统的组成部分，还具有其特有的属性，因此在这种配置关系中两两要素间的关系不仅要能够满足建立系统的要求，同时还要符合要素的客观属性，不能违背要素间关系的客观规律和特性来建立这种配置关系。对于大型工程项目来说，项目本身具有很强的结构复杂性，这种复杂性一方面体现在项目在空间上子项目之间的相互关联和互相影响，另一方面也体现在每个子项目都作为一个系统，都会涉及不同层次的项目活动，而这些项目活动都与项目四要素紧密相关。因此，在明确这四要素中的两两关系时必须从层次性和要素的客观情况两个方面来进行综合考虑，而要素的客观情况则受到要素所受约束的影响。

（二）项目四要素受到的约束情况

要素作为组成系统的基础，是为了实现既定的系统目标而结合到一起的，它们的结合除了是基于系统目标这一公共属性，要素本身也受到系统外部和内部的约束，而这种约束情况是客观存在的，这就决定了系统目标必须与这种要素所受的约束情况相匹配。对于大型工程项目中的四要素来说，要素所受的约束主要来自项目所拥有的资源情况、项目利益相关者的期望和需求两个方面，如对于部分大型工程项目，项目时间这一要素就受到严格约束，即必须在规定的时间内完工，而其他三个项目要素受到的约束则较小，甚至可以为了满足项目时间要素目标的实现而调整要素，并且由于这种约束的存在使得要素间形成了符合项目客观情况的配置关系，同时也造就了各项目要素目标优先性的不同，而这一点在实证研究中也得以显示。在不同类型的项目之间，项目四要素可调整情况不尽相同，并且与目标的优先性基本呈现出一种负相关的关系。

（三）项目四要素目标的优先性

大型工程项目在四要素目标优先性的设置方面呈现出多样性，这一方面体现在不同的项目类型有着不同的目标优先序列，另一方面则是在不同的项目管理阶段也有着不同的选择情况。从对大型工程项目的四要素目标与项目总目标关系的分析可以看出，项目总目标

和项目四要素目标的实现有着密不可分的关系,四要素目标的实现是项目总目标实现的前提,而项目总目标则是四要素各自目标建立的导向和目的。然而,由于项目四要素一方面受到来自项目系统内部的约束,如在施工技术、项目团队的管理能力等方面的限制,另一方面受到来自项目系统外部的约束,如项目所处区域的地质条件、建设所用资源的市场价格、资源供给条件等,因此会对项目四要素造成影响。与此同时,由于项目的总目标通常是对项目利益相关者需求和期望平衡的结果,而项目四要素各自的目标必须服从于项目总目标的实现,也就是满足项目利益相关者的要求和期望,这也会给四要素造成不同的约束。在这两方面的综合作用下,便会产生四要素目标的优先顺序,即有的要素目标必须按照要求来完成,没有调整余地,这种目标具有第一优先性,而有的要素目标则可以为了满足第一优先性要素目标的实现进行调整,这种调整性则受制于该要素受到的约束,受到约束较弱的要素则具有较强的调整性,而受到约束较强的要素具有较弱的可调整性。这种要素目标的优先性将通过两两要素间存在的客观关系来形成不同的项目四要素配置关系,而这种配置关系作为开展集成管理的依据,也将决定集成管理的内容和效果。

(四)整体最优的配置结果

在把握了以上所述的项目要素两两关系、要素所受约束、要素目标优先性三方面的内容后,对于建立科学的大型工程项目的四要素配置关系还需要将这三方面作为基础,建立能够反映项目四要素客观关系并且实现系统整体最优的配置关系。这里所述的整体最优主要包括两方面的内容:①这种配置关系是建立在要素间客观关系之上的,它必须服从各要素之间存在的客观关联性,而不能是人为随意构建的关系;②在满足了项目要素目标优先序列的情况下,要最大程度使各个要素的目标"逼近"最优情况,也就是说要使各要素的目标在考虑约束的情况下调整幅度最小,使得各个要素目标都能最大程度满足项目利益相关者的需求和期望。例如,在有的大型工程项目中,为了满足项目时间要素目标的实现,虽然其他项目要素需要因此做出调整,但是也在项目范围、项目质量和项目成本方面进行了最小化的调整,如最大程度地满足项目质量的要求、最小程度地增加项目投入等。

综上所述,基于对配置关系内涵的分析,大型工程项目四要素科学配置关系是一种建立在两两要素客观相关关系、服从于要素目标优先序列、能够实现四要素项目系统整体最优和最大程度满足项目总体目标要求的四要素匹配关系。明确了这种配置的构成内容后,第五章将进一步对四类不同优先序列的大型工程项目四要素配置关系进行讨论。

通过以上对项目四要素配置关系科学的分析,可以看出这种四要素的配置关系不但是项目系统的客观表达,还是一种以项目目标为导向、作用于项目过程和项目产出物、基于项目活动并且受到资源约束的要素关系。基于以上对配置关系和集成管理之间联系的分析可以看出,要实现项目系统的整合增效,就必须开展项目集成管理,而集成管理则必须以要素间的科学配置关系为基础,因此第四章将基于上述对项目四要素配置关系的分析,对实施项目集成管理的基本原理进行阐述。

第四章 大型工程项目四要素集成管理原理研究

基于前文对四要素配置关系的分析可以看出，这种配置关系建立和实现的基础分别是以项目目标为导向、以项目活动为基础、以资源为约束的反映项目工作过程和项目产出物的要素匹配关系。集成管理以配置关系为依据，因此在这种管理过程中必须将这些关键点予以实现。为此，本章将结合对大型工程项目四要素配置关系的分析结果，从管理的基本内容、管理过程、管理技术等方面对大型工程项目四要素集成管理的原理进行探讨。

第一节 大型工程项目四要素集成管理的基本内容

根据前文中对大型工程项目四要素配置关系内涵的分析可以看出，要找出这种关系，就必须从各要素目标的优先性、四要素中两两要素间的关系、要素的受约束情况等方面入手，而以这种配置关系为依据的集成管理就是要通过科学的方法、过程和技术工具来找出这种要素间的客观关系，并且按照这种关系对项目开展管理，这种集成管理的基本内容分述如下。

一、大型工程项目四要素集成管理的原则

基于第三章中对项目四要素配置关系内涵的讨论，要按照这种配置关系开展集成管理，就必须以项目目标优先序列为导向，以两两要素间的相关关系为基础，并且在考虑项目要素所受约束的情况下，通过科学的管理活动来实现系统各要素的最优化。因此，这种管理的基本原则可以总结如下。

(一)项目目标优先序列为导向原则

作为系统的根本特征和最基本要素，项目目标对项目四要素的配置关系有着至关重要的影响，这种影响主要体现在项目目标决定项目四要素中要素目标的优先性和各要素间关联的方式，而要素目标的优先性决定项目资源的分配情况，各要素间关联的方式则决定着项目系统结构和功能的实现。因此，以项目四要素科学配置关系作为依据的项目集成管理，首先就必须以项目目标为导向来开展项目集成管理。这种目标导向性不但要体现在项目集成管理过程中的各个管理阶段，同时也要落实到管理方法和管理工具的应用中。本章将对如何实现以项目目标为导向的项目四要素集成管理开展进一步讨论。

(二)项目要素两两集成原则

项目要素的配置关系都是建立在要素间两两关系之上的。换句话说，项目要素间的两

两关系是构成项目四要素间科学配置关系的基本元素，这些关系不但将不同的要素相联系，并且使得它们形成了一个能够满足既定目标的系统。因此，在开展项目四要素集成管理时，必须以两两要素集成作为基本原则，只有这样才能确保每一个项目要素都纳入集成管理过程中，并且使所有项目要素间的关系通过恰当的管理方法和管理工具服从项目目标而形成系统内部适宜的关系和结构。同样，这种两两集成管理不但需要有科学的方法和工具作为实现的手段，而且需要在整个管理过程中都加以落实。

(三)项目要素分步集成

项目作为一个系统，系统功能、结构和关系是其必要元素，而两两要素间的关系是构成项目系统结构和实现系统功能的基础，必须要通过要素间的相关关系才能使其构成一个系统。因此，在以项目四要素间科学配置关系为依据进行项目要素集成管理时，不仅要开展要素间的两两集成管理，还要开展分步集成才能最终实现对项目系统全局性的管理。而要实现这种分步集成不但要考虑要素间存在的关系，还要考虑集成的顺序，这种顺序正是由要素目标的优先性所决定的。与此同时，这种分步也同样需要贯穿整个集成管理和项目实施过程，并且要有相应的方法和工具。

以上所述及的三项开展项目四要素集成管理的基本原则都是基于项目四要素科学配置关系的本质和特点所提出的，并且这三条基本原则相辅相承、缺一不可。其中的目标导向原理是另外两项原理的导向，也就是说在开展项目四要素的两两集成和分步集成时，要根据项目的总目标、各要素目标以及各要素目标的优先序列来进行集成管理，而两两集成和分步集成则是实现项目集成管理，最终使项目总目标得以实现的方法。对于两两集成和分步集成来说，两两集成是实施分步集成的基础，而分步集成则是在考虑要素目标优先序列的情况下，对两两要素集成结果进行"顺序组合"的集成过程，由此便形成包括所有要素和要素关系的项目系统，并且通过选择和采用恰当的管理方法和工具，最大程度地确保项目目标得以实现。

二、大型工程项目四要素集成管理的对象

以上所述的项目四要素集成管理的基本原理是开展集成管理的指导，但还不能满足开展具体管理工作的要求。作为一项管理活动，要想实现对项目四要素的集成管理，还必须进一步明确集成管理工作的对象，并且针对管理对象的特征选择恰当的管理方法和工具等。因此，以下将基于对管理原则的分析，对开展项目四要素集成管理的对象进行分析。

(一)项目要素目标的优先性

如前文所述，目标性是所有项目的共有特性之一，项目目标将直接决定项目管理工作的开展，所有的项目管理工作都是围绕项目目标来开展的，其中的项目集成管理作为项目管理中具有综合性、全局性和优化性的组成部分，同样也必须根据项目目标来开展相关的具体管理工作。根据项目四要素与项目目标关系的分析可以看出，项目质量、项目时间、项目成本和项目范围是每一项目的核心组成要素，它们是项目系统核心属性的

表达，其各自要素目标的实现是项目目标实现的中心内容，而要素目标的优先性将决定整个项目资源的配置情况和项目系统的功能。因此，作为针对这核心四要素所开展的集成管理活动，首先就必须在开展项目管理过程中对项目总目标和项目四要素目标的设置及其优先情况进行管理。就项目目标来说，其主要是项目利益相关诉求的反映，但同时也受到项目所处环境和资源条件的限制，因此需要通过对这两方面的权衡来确定项目目标，并且就各个项目要素目标在总目标实现中的优先顺序进行确定，以此来开展的项目四要素的集成管理才能确保是按照项目要素目标设置和为项目目标实现所开展的管理活动。

(二)项目要素的受约束情况

除了要对项目要素目标的优先性进行管理外，还要对四要素所受的约束情况进行管理。由于项目要素目标的优先性和项目要素所受的约束情况有着密切关系，受约束越强的项目要素其目标优先性一般也较强，而这种约束除了来自项目利益相关者的要求外，另一项主要来源就是项目资源的情况。因此，在对项目要素约束进行管理时，不但要根据项目利益相关者的要求来对项目四要素进行管理，还要在管理过程中充分考虑项目资源的情况，并且采用符合项目资源的方法和工具来开展项目管理。基于对项目四要素科学配置关系的分析可以看出，每一种项目要素都具备一定的调整性，并且在一定的调整范围内进行项目要素的增加或者减少都不会影响项目目标的实现，而这种可调整性就是项目要素受项目可获得资源的条件决定的，即某一项目要素所受资源约束较强，则要素的可调整幅度较小，那么在进行项目变更时则应在考虑项目利益相关者要求的情况下，首先满足这种要素的目标，对于受约束较弱的项目要素来说，可调整范围较大，在进行变更时可以通过调整来实现具有优先性的项目要素目标，从而确保项目整体目标的实现。

(三)项目要素间的相关关系

项目四要素作为构成项目系统的核心要素，其要素间的相关关系是构成项目系统结构的必要组成部分，并且也是开展两两集成和分步集成的对象。对于两两集成管理原则来说，针对的管理对象是项目四要素中两两要素间的关系，主要就两要素间如何建立关系、关系的形式和匹配情况进行管理。而分步集成管理则是在两两要素相关关系的基础上，根据项目利益相关者对各要素目标的要求和要素受资源约束的情况，按照项目要素目标的优先性对项目开展集成管理。基于第三章中对项目四要素科学配置关系的讨论可以看出，虽然对于不同的项目要素目标优先序列，要素间的关联形式和变化条件是不同的，但其变化范围并未超出项目两两要素间的基本关系，因此在开展项目四要素集成管理之前，首先需要明确的还是项目四要素中两两要素间的基本关系，并且根据项目的实际情况实施管理，之后再进一步对其中一对多的关系进行分析和管理。

综上所述，项目四要素集成管理的对象就是根据项目利益相关者的要求和项目的资源条件而确定的项目目标中各要素目标的优先性、项目要素的受约束情况和项目要素间的关系。与此同时，对这三者的管理并不是相互孤立的，而是需要综合考虑的。其中的项目要素受约束情况分别对于项目要素目标的优先性和要素间的相关关系有着重要影响，而由项目利益相关者对项目及其项目要素要求所形成的目标优先性又对项目资源的约束和项目要素间的关系有着决定性的影响，项目要素间的关系作为项目要素和项目系统的客观反映，还对项目优先性和项目资源的利用有着制约作用。因此，项目四要素集成管理的三个对象是反映项目系统中相辅相承的三个方面，只有做好了对这三个方面的管理，才能真正实现对项目四要素的集成管理。

第二节 大型工程项目四要素集成管理过程分析

项目管理是一个为了实现项目目标的完整过程，项目管理的这种过程性不但体现在对应项目全过程的管理过程中，同时项目的每个阶段都需要有完整的项目管理过程，也就是说整个项目管理过程是由一系列针对项目不同阶段的管理子过程所构成的过程组，而在每一个子过程中又包括一系列相互关联的项目管理活动(戚安邦，2007)。项目四要素集成管理作为项目集成管理的一个组成部分，同时也是项目管理的重要组成部分，同样也需要有完整的管理过程才能使其发挥作用，因此以下将基于第三章中对这种项目四要素配置关系内涵和集成管理的原则，对集成管理的基本过程进行分析。

一、大型工程项目四要素集成管理过程的构成

项目要素集成管理的目的就是要以项目要素间的配置关系作为依据，通过这种贯穿于整个项目过程和项目管理活动中的动态决策来优化项目系统，并且确保项目目标的实现。美国项目管理协会对项目生命周期的定义为：项目是分阶段完成的一项独特性的临时性任务，组织在实施项目时会将项目划分成一系列相互衔接的项目阶段，以便更好地管理和控制项目，更好地将组织的日常运作与项目管理结合在一起。项目的各个阶段共同构成了项目的生命周期。可以看出，项目的阶段性要求项目管理也要根据项目的阶段来进行管理，并且项目管理是伴随项目全过程的一个完整过程。然而作为一种管理过程，就是能够产生具体管理结果的一系列活动的组合，并且这种组合将贯穿整个项目生命周期。

但值得注意的是，这三部分虽然是开展这种管理的关键管理过程，但是它们都是在了解了项目目标的情况下开展的，而通过对多个实际项目的分析发现，大型工程项目的目标以及要素目标的优先性往往是在项目的起始阶段决定的，在这一阶段，项目的各方利益相关者通过协商和讨论，往往会在很多对项目的要求与期望中确定第一优先目标，而这一目标的实现就意味着项目的成功，因此起始过程对于开展这样的集成管理来说也是必不可少的。另外，在通过对项目各个阶段实施了计划、控制和变更的管理工作后，项目目标的最终实现情况，项目的交付物是否满足项目利益相关者的需求等状况还需要有一个总结性的过程来完成，而项目的结束过程正是对这些工作实现的过程，因此结束过程也是项目四要素集成管理中所不可或缺的。为此，本书认为项目四要素集成管理的基本过程可以概括为如图4-1所示的情形。

如图4-1所示，本书根据美国项目管理协会对项目生命周期的划分，将项目划分为定义与决策、计划与设计、实施与控制、完工与交付四个阶段，而对于每一个项目阶段都实

施由起始子过程、计划子过程、控制子过程、变更子过程和结束子过程五个不同的项目管理子过程组成的项目四要素集成管理过程。这样的项目四要素集成管理子过程就共同构成一个贯穿项目始终的管理循环，在该管理循环中，各个项目管理子过程之间具有信息交换和时间上的依存关系。其中，管理子过程之间的信息联系体现在两个方面：①信息输入与输出的关系，即前一集成管理子过程的输出将作为下一个子过程的信息输入；②两个项目管理子过程时间存在信息反馈的关系。在时间上，项目四要素集成管理过程中各个管理子过程并非是一种严格的前后接续关系，其中的项目子过程之间会存在重叠的情况。为了进一步明确项目四要素集成管理的管理过程，以下将结合项目四要素集成管理的特点对管理内容进行阐述。

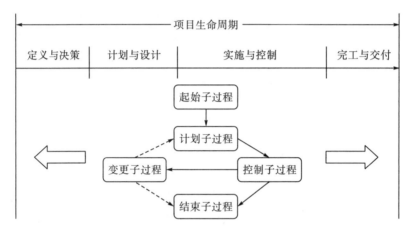

图4-1　大型工程项目四要素集成管理基本过程示意图

资料来源：作者根据研究结果整理

二、大型工程项目四要素集成管理过程的基本内容

除了项目四要素集成管理基本原则、管理对象和基本管理过程，要开展项目四要素集成管理还需有管理内容，这里的管理内容是将管理对象和管理过程相联系的纽带，只有完成集成管理的基本内容，才能通过管理过程实现对管理对象的管理，以下就将对项目四要素集成管理的基本内容进行分析，其管理内容可概括为图4-2。

根据以上对项目四要素集成管理基本原则、管理对象和基本管理过程的说明可以看出，项目四要素集成管理事实上是一个找出和建立项目四要素科学配置关系，并且实现这种配置关系的过程，其中主要关注的是项目要素目标优先序列的实现和对项目要素所受约束与要素间的关系。如图4-2所示，以起始过程到结束过程的管理过程为主线，通过在该过程的不同阶段实施单项要素管理和要素关系管理两项管理内容，从而实现对项目四要素集成管理的管理对象的管理，其中的单项要素管理主要是对四要素的目标和调整范围进行管理，而要素关系管理则是围绕项目四要素间存在的关系来开展的。

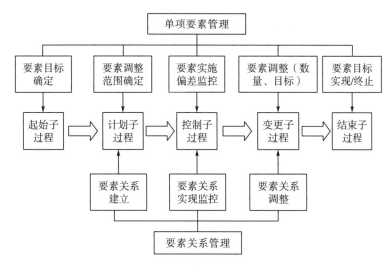

图 4-2 大型工程项目四要素集成管理内容示意图

资料来源：作者根据研究结果整理

(一) 大型工程项目四要素的单项要素管理

起始过程作为对项目进行定义的项目管理第一步骤，首先就应该对项目目标进行明确，而项目目标的实现需要通过项目质量、项目范围、项目时间和项目成本四要素目标的实现来促成。因此，实施阶段的单项要素管理首先要对项目四要素各自的要素目标进行明确，这其中包括对目标具体内容和根据项目利益相关者对项目的要求和项目资源的情况对项目要素目标优先性进行确定。在明确了项目要素目标优先序列和各自的目标后，便要根据这种目标进行计划过程的工作，这时应当根据各个要素的具体情况，以各个要素的可调整范围为基础，开展各要素的计划工作，这种计划工作必须是与项目要素目标相一致的。基于制定的项目各要素的计划，在计划实施过程中要对其实施情况进行监控，这种监控主要针对各要素计划的实施效果、要素目标实现和要素在项目过程中存在的偏差。如果在计划的实施过程中项目要素目标不能实现，或者原要素计划的实施结果发生了偏差，那么就要对项目要素进行调整，这种调整包括在既定范围内对项目要素数量的调整和目标的调整两方面，而目标调整则是在数量调整不能满足要求的情况下才进行。如前所述，如果在实施管理过程中进行了变更，那么就涉及计划的修订或结束管理过程转而开始重新进行新一轮的管理。因此，对于结束过程来说，其主要管理内容就是考察是否实现了既定的项目目标，或者需要重新进行项目目标的定义。总体来说，项目四要素集成管理中的单项要素管理就是对四要素各自的目标、调整范围和幅度进行管理，然而这还不足以满足建立配置关系的要求，除了要素自身，要素间的关系也是必不可少的。

(二) 大型工程项目四要素的要素关系管理

与项目四要素的单项要素管理不同，要素关系的管理是基于项目四要素各自的特点和要素目标的要求，对项目四要素间存在的客观关系开展的管理，它需要以单项要素管理中的项目要素目标和可调整范围为基础，建立和实现项目四要素间的关系，从而与单项要素管理共同实现项目四要素科学配置关系的建立和实现。因此，从管理过程的角度来说，要素关系管理从计划过程开始，以项目要素目标的设置情况作为基础并且考虑单项要素管理在这一过程中对要素调整范围的计划，从项目要素两两关系入手，建立项目四要素的配置关系，从而形成后续开展集成管理的依据。当按照计划过程建立的要素配置关系进入控制过程时，其主要管理内容就是对项目要素间配置关系实现的情况进行监控，考察项目四要素之间的配置关系是否能够得以实现，当出现偏差时，是否会存在破坏项目要素间关系成立和要素目标实现的情况，以及是否能通过调整要素的数量来实现原有配置关系的成立。以控制阶段的结果为输入，要素关系在变更过程中的主要管理内容是根据单项要素管理在这一过程中对要素目标的实现和调整情况，对项目四要素间的关系进行维护或者进行变更，一旦发生变更，则是项目要素目标的优先性有所变化，那么将与单项要素管理在这一阶段的结果共同重新转入起始过程，开始新一轮的管理过程。

通过以上对项目四要素集成管理中管理过程内容的分析可以看出，要实现这一管理，就应当同时对项目四要素中的各要素实施单项要素管理和要素关系管理，其中的单项要素管理主要是实现项目生命周期中要素目标和调整范围的管理，而要素关系的管理则是基于项目目标优先序列来开展的关于各要素客观的相关关系的管理，只有同时开展这两方面的管理，才能确保集成管理是以要素间的科学配置关系为依据实施的管理活动，也才能达到项目四要素集成管理的目的。

三、大型工程项目四要素集成管理的管理子过程

大型工程项目四要素集成管理过程是一个由五个不同管理子过程共同构成的、贯穿整个项目生命周期的循环管理过程。五个管理子过程的管理内容如下。

(一) 大型工程项目四要素集成管理的起始子过程

在开展项目四要素集成管理过程中，管理循环中首要的管理子过程是项目或项目阶段的集成管理起始子过程，其主要内容是根据项目利益相关者和项目的外部环境对项目开展定义，明确项目四要素的目标，并且决定项目或项目阶段四要素集成管理工作的基本内容等。只有通过起始过程明确项目目标和项目四要素各自的目标并将其作为输入，才能为后续的项目四要素集成管理过程提供依据和导向。

(二) 大型工程项目四要素集成管理的计划子过程

基于上述起始过程中对项目目标和项目四要素目标的明确，接下来就进入项目四要素集成管理的计划子过程。这一过程中的管理活动主要包括根据项目目标和项目四要素目标的设置情况，拟定和编制项目四要素集成管理的计划，其内容主要是通过采用一定的方法对包括项目四要素的目标优先序列、要素的可调整范围在内的项目四要素初始配置关系进行确定。这一过程的产出物将作为后续项目四要素集成管理子过程的输入。

(三) 大型工程项目四要素集成管理的控制子过程

在对项目实施四要素集成管理的过程中，还必须具备控制子过程，这将使整个项目的

四要素集成管理工作处于受控状态,并且也将为计划子过程提供相应的反馈信息。在这一子过程中,主要是要根据上述计划子过程中所构建的项目四要素科学配置关系,来考察在项目实施过程中是否实现了这种项目四要素间的客观关系,分析其中存在的差异与问题,并采取相应的纠偏措施等。从具体内容上来说,控制子过程主要是对项目四要素的目标优先性实现的情况进行监督,以及对其中发生的偏差进行度量,如果其间发生了与计划过程中配置关系相悖的情况,则要考虑进入变更管理子过程。

(四)大型工程项目四要素集成管理的变更子过程

"永不变化的就是变化",这一点对于大型工程项目来说也很贴切,从目前的研究现状来看,关于项目变更的研究主要集中在提出变更的管理模式,并且国内外许多学者都认为项目变更是每个项目都会遇到的问题(Cui et al.,2009),特别是在项目实施的后期(Midler,1995)。并且对于变更,Hartman(2000)、Thomke(1997)、Hellstrom 等(2005)认为项目内部的各个要素虽然是项目管理的重点,并且能够独立管理一个要素的变更而不导致其他部分的变化,那么项目管理将变得更加容易,而突发事件对于项目的影响也将降低,但在这种变更中,要素间往往存在着关联关系。从图 4-2 中所示的情况可以看出,变更子过程与控制子过程是一种互动的关系,同时与计划子过程和结束子过程都有着密切的关系。这主要是因为在项目四要素集成的变更子过程中包括两方面的内容:①仅对项目要素的数量进行调整,即利用项目四要素的可调整范围来确保项目要素目标优先性的不变和项目目标的实现;②同时对项目要素目标的优先序列和项目要素的数量进行变更,这种变更发生的原因在于项目要素的可调整范围不能满足当前的项目实施要求,或者项目利益相关者对项目的要求有所变化。在实施第一种变更后,除了要对未进行变更的要素目标和要素数量进行控制外,还要对变更的项目要素的相关计划内容进行更新,之后再转入对其实施的控制过程。而对于第二种变更,其结果则分为两类,第一类是通过变更后,在项目利益相关者认可和项目资源条件允许的情况下,通过计划过程形成新的计划,并且将其付诸实施和加以控制;第二类则是由于当前的项目要素情况无法满足变更的需求,则选择放弃当前的计划,进入结束过程,进而重新从起始过程开始来开展新一轮的管理循环过程。

(五)大型工程项目四要素集成管理的结束子过程

基于上述对控制子过程和变更子过程的分析可以看出,项目四要素集成管理进入结束子过程主要涉及两种情况:①依然按照原计划中的项目要素目标优先序列和项目要素调整实施项目后,在实现了项目目标或项目阶段目标后进入结束子过程,这时所产生的结果将作为项目的交付物或下一阶段的输入物;②终止已有的计划,转而重新进行项目要素集成管理的起始子过程。

通过以上对项目四要素集成管理五个子过程的分析可以看出,包括五个子过程的循环管理过程主要是对项目要素目标的优先性和可调整范围进行管理,这样的管理过程能够与以上所述的管理对象和基本过程很好地匹配,为项目四要素集成管理的实施提供了过程上的依据。

第三节　大型工程项目四要素集成管理的基本方法

很多学者和实践者都认为，理论、方法和工具/技术间存在着一种抽象的层级关系（Ragsdell，1996；Fitzgerald et al.，1998；Jackson，1999）。在这种层级结构中，处于上层的理论是一种概念基础和理论支撑，它为下层的方法和工具/技术提供概念框架，为其发展起到积极作用，同时也为开展一致性检验提供了平台，而下层的方法和技术则为理论提供了实践检验。作为偏向哲学层面的理论，主要是解决方法论中的"为什么"，而位于中层的方法则是主要解决"做什么"的问题，最下层的管理工具和技术则是对"怎么做"进行讨论（Paton，2001）。

按照这样的理论和实践的层级关系，前文中所讨论的内容是针对项目四要素集成管理的理论层面的问题，这还不足以用于对项目管理实践提供借鉴和指导，这是因为项目四要素的科学配置关系是一种客观关系，一旦找出这种关系，就应当按照这种关系进行管理，而管理者能做的则是选择合适的方法、技术和工具来实现这一关系。因此以下将进一步对实施项目四要素集成管理的方法、技术和工具使用进行讨论。

根据 Midgley 等（1998）的观点，方法就是相互关联的一系列工具，在项目实践中正确地采用这些方法可以帮助人们实现明确而具体的目标，并且方法中通常包括描述工作如何进行的说明和一系列明确的步骤（Mingers，1997）。对于项目四要素集成管理来说，由于其管理内容和管理对象是围绕项目四要素的科学配置关系来开展的，因此实现这种管理的基本方法就是要让项目管理者通过一系列的工具来建立、实现这种配置关系，以下就将对这种基本方法中的基本步骤、工作和所采用的工具进行说明。

一、大型工程项目四要素集成管理的基本步骤

如上所述，作为一项用于指导实践的管理方法，必须要有明确的步骤，这种步骤将在以上所述的各个管理子过程中根据具体情况进行逐一落实，而其中的决定因素则在于项目要素目标的优先序列。基于第三章中对项目四要素科学配置关系及其建立的讨论可以看出，这种关系的建立是以要素间两两关系为基础，以分步集成为途径的。

图 4-3 所示的正是一种以对项目质量、项目范围、项目时间和项目成本四个要素实施单项要素管理和两两要素关系管理为基础的分步集成过程。它通过一定的方法在两两要素间建立关系，并且根据要素目标的优先序列找出能够反映项目系统目标的要素间的科学配置关系，而项目四要素集成管理则在起始子过程、计划子过程、控制子过程、变更子过程和结束子过程这五个管理子过程中以这种步骤来实现配置关系的建立和实现。

如图 4-3 所示，项目四要素集成管理基本方法的核心实际上是通过采用不同的方法对单项要素和要素关系按照两两集成和分步集成的方式来找出和实现项目四要素的科学配置关系，从方法的构成上来说，可以分为管理步骤和工具两方面的内容。

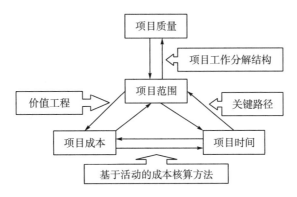

图 4-3　大型工程项目四要素集成管理基本方法示意图

资料来源：作者根据研究结果整理

二、大型工程项目四要素集成管理基本技术和工具

要实现基本步骤，还需要有针对性的技术和工具，这些技术和工具不但要具备科学性，同时还要有很好的可操作性。根据 Mingers（1997）所提出的观点，工具具有明确定义且可用于某种特定活动，它可以用来完成特殊的工作。与此同时，Rosenhead（2008）认为工具的使用可以使人们达到目的，但需要结合相关的理论和方法对工具进行反思，并且进一步来改进工具，提高工作绩效。如图 4-3 所示，其中的项目工作分解结构（work breakdown structure，WBS）、关键路径（CPM）、基于活动的成本核算方法（activities-based cost method，ABC）和价值工程（value engineering，VE）就是分别针对项目质量、项目范围、项目时间和项目成本四要素的单项要素管理和要素间关系管理的。然而，由于在管理过程中为了要依照项目四要素科学配置关系这种客观关系进行管理，就还要考虑在不同项目要素目标优先序列和项目要素调整等要求下如何进行管理，因此对于以上所列出的几种管理方法还需要结合开展项目四要素集成管理的要求来进行改进，从而满足各种情况下的管理需求。

如图 4-3 所示，要想实现对项目四要素的集成管理，仅有要素两两集成和分步集成的技术作为指导是不够的，还需要有力的工具作为支撑才能实现对项目四要素科学配置关系的寻找、实现。基于本章前文中对项目四要素集成管理基本过程的分析不难看出，作为一项管理活动，其核心问题是根据项目利益相关者对各要素目标要求和所受到的约束情况对项目四要素目标优先性进行决策，并且根据这种目标优先性来实现四要素科学配置关系的建立。因此，应用于项目四要素集成管理的工具也应是服务于这种决策活动的，并且这些工具的使用主要是作用于按照项目要素目标优先序列、各要素间关系的建立和对各单要素的管理。

如图 4-4 所示，基于图 4-3 中所示的工具及这些工具与各要素及单要素管理间关系的描述，从输入与输出的角度对这些工具在整个项目四要素集成管理中的使用和作用进行说明。图 4-4 中对如何从项目目标的提出到完成对项目四要素进行集成管理中所涉及的管理工具，及各种工具在其中的作用进行了说明。

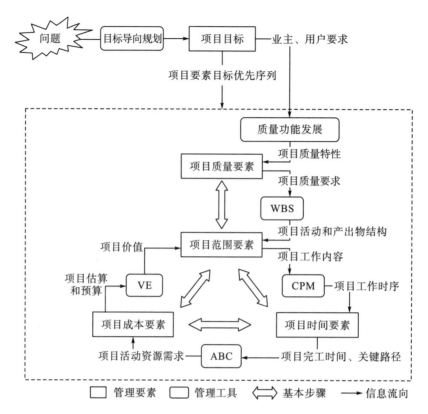

图 4-4　项目四要素集成管理工具作用示意图

资料来源：作者根据研究结果整理

　　如图 4-4 所示，首先，对于任何项目来说，其存在的目的就在于解决问题，因此在确定项目目标时应当从问题入手从而提出具有针对性的项目，此时可以采用目标导向规划（objective oriented project planning，OOPP）方法从项目面对的问题分析开始来进行项目目标的确定和目标的分解。在明确了项目目标后，即掌握了项目业主或用户对项目的要求后，可以采用质量功能发展（quality function development，QFD）这一方法对项目质量的特性进行计划，并且提出包括具体的技术、质量标准等在内的项目质量要求，并以此作为输入来开展项目范围中项目工作分解结构（WBS）的建立。WBS 作为联系项目质量要求和项目活动的桥梁，它具有多种形式，并且通过逐层分解的方式最终建立起能够满足项目质量要求的一系列项目产出物和项目活动，而这些则将作为开展项目范围单要素管理的核心和建立与项目时间要素相关联的重要连接点。通过采用关键路径法对项目范围中的项目各项工作进行排程后，便可以得到关于项目完工时间、关键路径这些开展项目时间要素管理的主要内容，然后再根据项目活动对资源的需求情况，以基于活动的成本核算方法（ABC）来进行项目的成本估算及预算工作，也就是项目成本要素的单项要素关系，之后再通过价值工程的方法对项目成本和项目范围之间的匹配关系进行分析，这样才能完成对以项目质量要素目标为第一优先目标的项目四要素的集成管理。总体来看，以上所提到的工具都是目前广泛使用并且已经较为成熟的工具，但要想将这些相对独立的工具应用到项目四要素集成管理这样一个具有多种对象的系统中，其关键就在于如何在这些工具间建立联系，确保其使用的对象是一个具有统一性的系统，也就是具有对象的一致性。

图 4-3 所示的步骤是落实项目四要素两两集成和分步集成两项基本原则的概括，但是其中并没有体现出如何根据不同的项目要素优先序列进行集成管理。为此，后文将基于本章的分析，分别对项目质量、项目成本、项目时间和项目范围要素目标优先的大型工程项目集成管理方法和技术进行说明。

第五章 大型工程项目四要素配置关系构建方法研究

基于第三章对大型工程项目四要素配置关系的内涵和特点的分析可以看出,这种配置关系是以项目要素目标优先序列为导向,以要素间两两关系为基础的对项目整体情况的客观反映。为了进一步对具有不同项目要素目标优先序列的项目四要素配置关系进行研究,本章将首先根据这种配置关系的基本原理,以及实证研究中关于要素目标设置和可调整性的分析结果,就基于优先序列的四要素配置关系的构建原理和两两要素的关系进行分析,并进一步根据不同的目标优先序列的特点进行分类讨论,为开展更有针对性的集成管理奠定基础。

第一节 基于优先序列的大型工程项目四要素配置关系构建原理

通过以上对大型工程项目四要素科学配置关系基本构成的说明可以看出,这种配置关系的构建就在于如何根据要素间的相关关系和要素目标的优先性情况,在满足各要素约束的情况下实现项目系统整体的最优化。通过对相关文献的研究和比较,本节将通过建立目标规划的数学模型形式,对如何构建这种能够实现系统功能最优的配置关系进行阐述。

一、基于优先序列的大型工程项目四要素配置关系构建的基本过程

在了解了大型工程项目四要素配置关系的基本构成后,接下来要了解如何构建这种配置关系。根据这种项目配置关系的内涵来看,这种配置关系首先是要与项目的目标保持一致,也就是说这种配置关系必须反映项目四要素各自目标的优先性,因此首先应该根据项目利益相关者对于项目的要求和期望来找出具有优先性的项目要素目标。

另外,两两要素间关系作为这种配置关系的基础,它们是要素客观情况的表达。因此,在构建这种配置关系时,首先就应该弄清项目中两两要素间的相关关系的客观情况,而这种关系又是建立在对各个单项要素的分析基础上的,因此还需要进一步分析每个要素所受到的约束情况,而这种约束情况可以通过每种要素的可调整性来表达,即每种要素可以在计划的基础上允许多大程度的增加和减少。值得注意的是,这种可调整性除了来自项目的资源情况,更重要的是它们都受到项目目标的影响,因此还应该综合项目要素目标的优先性来确定项目要素的可调整范围。最后就是要在满足这些约束的情况下,找到能够实现项目"最优状态"的结果,这种结果应该能够满足项目的目标优先序列和要素间的相关关系,并且尽量实现每一要素的调整最小化,也就是使每种要素为了实现项目目标而做出的"牺牲"最小化。

二、基于优先序列的大型工程项目四要素配置关系一般化表达

通过以上对大型工程项目四要素配置关系构建过程的分析可以看出,这种配置关系必须要能够反映项目要素目标的优先性,以及项目两两要素间的关系和各个要素的可调整性,最重要的是要找到能够反映项目客观情况的最优状态。

基于目标规划方法的基本原则和步骤,本节构建了如式(5-1)所示的大型工程项目四要素配置关系的一般化表达式,其中包括要素间的两两相关关系、要素目标优先性和要素受约束而形成的可调整范围几项配置关系的基本内容,并且实现了对系统功能最优的表达。

$$\min Z = \sum_{j=1}^{4} P_j \sum_{i=1}^{4} (d_i^+ + d_i^-)$$

$$\text{subject to:} \begin{cases} Q + d_1^- - d_1^+ = Q_0 \\ T + d_2^- - d_2^+ = T_0 \\ C + d_3^- - d_3^+ = C_0 \\ S + d_4^- - d_4^+ = S_0 \\ f_1(S) = T \\ f_2(S) = C \\ f_3(S) = Q \\ f_4(C) = T \\ f_5(Q) = T \\ f_6(C) = Q \\ f_7(T) = Q \\ f_8(T) = C \\ f_9(Q) = C \\ P_j > 0; j = 1,2,3,4 \\ d_i^- \geqslant 0; d_i^+ \geqslant 0; i = 1,2,3,4 \end{cases} \tag{5-1}$$

式中,P_j 为优先因子,表示各项目要素目标的相对重要性,且有 $P_1 > P_2 > P_3 > P_4$;Q、Q_0 分别为项目的实际质量与计划质量;T、T_0 分别为项目的实际时间与计划时间;C、C_0 分别为项目的实际成本与计划成本;S、S_0 分别为项目的实际范围与计划范围;$f_1(S) = T$ 表示项目时间是项目范围的函数;$f_2(S) = C$ 表示项目成本是项目范围的函数;$f_3(S) = Q$ 表示项目质量是项目范围的函数;$f_4(C) = T$ 表示项目时间是项目成本的函数;$f_5(Q) = T$ 表示项目时间是项目质量的函数;$f_6(C) = Q$ 表示项目质量是项目成本的函数;$f_7(T) = Q$ 表示项目质量是项目时间的函数;$f_8(T) = C$ 表示项目成本是项目时间的函数;$f_9(Q) = C$ 表示项目成本是项目质量的函数;d_i^- 为负偏差,d_i^+ 为正偏差。

由式(5-1)可以看出,该目标规划模型是将项目要素目标优先性、项目要素的调整范围、两两要素间的相关关系进行了表达,通过该模型可以求取在满足不同项目要素目标优

先序列情况下、符合项目要素间客观相关关系并且能够使得各要素目标实现最优的项目总目标，而集成管理便是根据其中求得各要素的情况来进行项目集成管理，只有这样才能实现项目集成管理的目标，即在实现项目总目标的同时实现系统的最优化。

但值得注意的是，式(5-1)所示的仅是一般化的情况，对于具有不同优先序列的项目四要素来说，其四要素配置关系又各具独特性，因此在后文中将分别对项目质量优先、项目成本优先、项目时间优先和项目范围优先情况下的大型工程项目四要素科学配置关系进行分析，进一步对这四种情况下的独特性进行详细阐述。

三、大型工程项目中四要素的两两要素关系分析

如上所述，要找到和建立大型工程项目的科学配置关系，就必须明确项目四要素中两两要素间的关系、要素受到约束的情况、要素目标的优先性和实现配置关系最优化。两两要素间的关系是要素受到约束的情况、要素目标的优先性和实现配置关系最优化的基础，同时也是两两要素关系的客观反映，只有按照这种客观关系来建立的配置关系才是符合客观实际的，才能够为集成管理提供客观依据。因此，以下将分别对包括项目质量、项目成本、项目时间和项目范围在内的两两要素间的相关关系进行分析。

(一)大型工程项目中项目时间与项目成本的关系

在对工程项目中项目时间和项目成本关系进行分析的相关研究成果中，普遍都是在工程项目质量不变的假设下，将项目成本视为项目时间的函数，并且项目成本分为直接成本(direct cost)和间接成本(indirect cost)两部分。直接成本主要用于建设活动，其值与工作量有关并且随项目时间的延长而降低；间接成本则主要用于项目管理费用，这种成本与项目时间成正相关关系(高兴夫 等，2007；王健 等，2004)。在考虑到合同、赶工等因素后，将项目时间与项目成本间的关系概括为图5-1所示的情况。

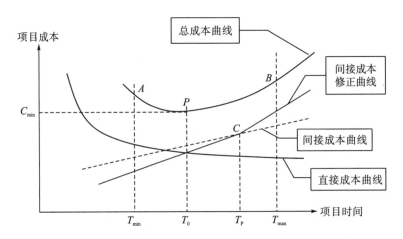

图 5-1　大型工程项目时间与项目成本的关系修正示意图

资料来源：作者根据文献整理

如图 5-1 所示，P 为项目总成本最低点，而其对应的时间点即为项目的最佳工期，此时项目直接成本和间接成本的和最小。A 为最短项目时间的项目总成本情况，此时由于项目赶工，使得项目直接成本迅速增加，而间接成本则由于时间的缩短而减少，而 T_{min} 表示在项目施工条件和技术允许情况下的最短项目时间；B 则与 A 的情况相反，T_{max} 表示项目业主所能容忍和接受的最长项目时间，T_P 表示合同所规定的项目完工时间，即合同工期；T_0 为最佳工期；C 为合同规定完工时间对应成本，C_{min} 为项目最少总成本，这一点正是所有项目所追求的。而为了了解这一理想状态下的项目成本与项目时间的具体状态，基于数学建模和各种算法，目前已经有了很多较为成熟的研究成果。

综合以上对项目时间和项目成本两要素之间关系的研究成果来看，由于项目成本中包括直接成本和间接成本两种随项目时间会发生不同变化的成本构成，而这两种成本会以不同形式作用于每一项项目活动，因此项目总成本的变化情况是基于两种成本综合叠加的结果。从总体趋势上来看，项目总成本对应的项目时间存在一个最小项目成本，此时所对应的即是项目最佳工期。以这一点为分界点，在该点左侧，随项目时间的缩短，项目成本逐渐增加，最终会到达一个项目最短时间点，而在最佳工期点右侧，项目成本则会随着项目时间的延长而增加，具体情况如图 5-2 所示。

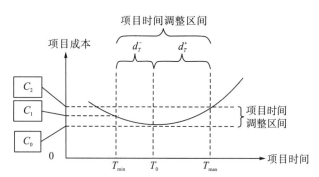

图 5-2　大型工程项目时间与项目成本相关关系示意图

资料来源：作者根据相关文献研究整理

在图 5-2 中，T_{min} 表示在项目实施客观条件、实施技术方面允许的情况下的项目最短完工时间；T_0 表示成本最低时对应的项目完工工期，这也是一般项目所期望的目标工期；T_{max} 表示项目业主所允许的最长项目完工时间；由 T_{min} 和 T_{max} 构成了一个项目时间的调整区间，处在这一通道中的项目完工时间都不会影响项目的完工。而该区间分为两部分，从 T_{min} 到 T_0 之间的部分为项目时间的负偏差 d_T^-，即项目时间相对于时间目标可以缩短的部分；从 T_0 到 T_{max} 之间的部分则是项目时间的正偏差 d_T^+，即项目时间相对于时间目标可以延长的部分。根据作者的调研结果和相关文献的研究成果，一般来说，项目往往都会出现拖期的状况，即处于 T_0 的右侧。

如图 5-2 所示，与项目时间相对应，项目成本也存在一定的调整区间，其中 C_0 所对应的就是最佳工期时的项目成本；而 C_1 所对应的是项目发生赶工，项目时间所允许的最小值所对应的项目成本；C_2 所对应的是项目发生拖期后，所允许的项目时间最大值所对应的项目成本；而由 C_0 到 C_2 则构成了项目成本的可调整区间，无论是项目时间缩短还是延长，都会造成项目成本的增加，反过来说，项目成本的增加可以实现项目时间的压缩或延长。

（二）大型工程项目中项目时间与项目质量的关系

在很多项目中，项目成本常常只能有很小的变动幅度。对于这类项目，项目时间与项目质量就将作为变量来满足项目成本的目标，即假设项目成本不变。基于此，一些学者（Kerzner，2006；毕星 等，2000）对项目时间与项目质量间的相关关系进行了讨论，并且建立了相关的模型，如图 5-3 表示的是当项目成本一定时，可将项目质量视作项目时间的函数。在一定的项目成本约束下，项目质量通常会被作为满足项目成本约束的要素而牺牲。但是从项目实践来看，项目质量的降低只能在短期内减少成本，而从长期来看，项目质量的降低反而会增加成本。合理的项目时间将对应合格的质量，而不恰当的项目时间将会影响项目质量目标的实现。

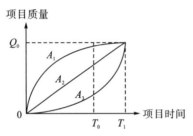

图 5-3　大型工程项目时间与项目质量相关关系示意图

资料来源：作者根据文献整理

如图 5-3 所示，Q_0 为项目质量的目标；T_0 为项目时间的目标；T_1 为实际完工时间；曲线 A_1、A_2、A_3 分别代表三种项目质量随项目时间变化的情况，其中的 A_1 曲线是根据实际工程项目中的经验得出，较为符合实际情况，可以作为项目时间和项目质量相互关系的一种定性描述（余晓钟，2004）。基于图 5-3 所示的研究结果，很多研究根据不同的项目时点特征，对图 5-3 中的 A_1 曲线表示的项目时间与项目质量间的关系进行了进一步分析。这些观点认为，在项目成本一定的情况下，项目时间和项目质量为正相关关系，也就是说，项目质量会随着项目时间的增加而提高。但是当项目时间延长到一定值后，项目质量便不会再提高，反而会下降；而当项目时间缩短时也会造成项目质量水平的下降。与此同时，很多学者（Icmeli et al.，1997；Hamed et al.，2006）认为，项目的整体质量取决于每个项目活动和每个项目可交付物的质量水平，并且他们采用对每项项目活动和项目可交付物的质量水平进行平均值求取的方法来确定项目整体的质量水平。

基于相关研究的结果，图 5-4 刻画了修正后并且考虑了不同时点因素的项目时间与项目质量间的关系。如图 5-4 所示，T_{min} 为最短的项目时间，这一点对应的项目质量为项目业主接受范围内的最低质量 Q_{min}，并且此时的成本在所规定的项目成本范围内。T_0 表示计划工期，其所对应的项目质量为 Q_0。T' 则表示在项目成本范围内适当延长工期后而获得较高的质量 Q'，此时虽然项目时间超过了项目计划的水平但尚在项目业主可接受的范围内，即"慢工出细活"的情况。而 T_{max} 则表示在既定的项目成本下项目业主可以接受的最大项目时间，此时所对应的项目质量 Q_{max} 虽然最高，但是却大大延长了项目时间，同时还有项目成本超支的可能。以 Q_0 为分界点，$Q_{\min}\sim Q_0$ 构成了项目质量允许的负偏差 d_Q^-，即项目业主和利益相关者允许的质量降低幅度；$Q_0\sim Q_{\max}$ 构成了项目质量的正偏差 d_Q^+，也就是超出计划质量的部分，因此 $Q_{\min}\sim Q_{\max}$ 为项目质量的调整区间。而 $T_{\min}\sim T_0$ 为项目时间允许的负偏差范围 d_T^-，$T_0\sim T_{\max}$ 为项目时间所允许的正偏差范围 d_T^+，$T_{\min}\sim T_{\max}$ 为项目时间的可调整区间。

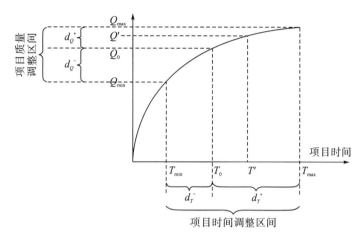

图 5-4　大型工程项目时间与项目质量修正关系图

资料来源：作者根据文献研究整理

（三）大型工程项目中项目成本与项目质量的关系

对项目成本和项目质量间关系的分析，往往是在项目时间固定的情况下进行讨论的，项目成本和项目质量会呈现一种近似的正相关关系（Kerzner，2006；余晓钟，2004）。

如图 5-5 所示，Q_0 和 C_0 分别代表计划的项目质量水平和项目成本，而三条曲线 M_1、M_2、M_3 表示在计划成本（Q_1、Q_2、Q_3）之下，项目的质量分别呈现出不同的情况。M_3 表示在计划成本之下，项目质量已经趋近项目目标质量，而 M_2 上对应的项目质量则低于 M_3 所对应的质量，而曲线 M_1 所代表的质量水平与目标质量尚存在一定差距，如果要尽量满足项目质量的要求，就需要进一步增加项目成本。

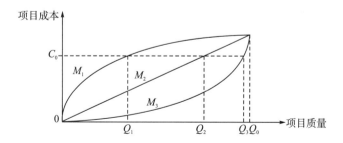

图 5-5　大型工程项目质量与项目成本相关关系示意图

资料来源：作者根据文献研究整理

　　另外，Diethelm（2006）认为在一定的项目时间约束下，项目质量和项目成本呈现一种"U"形的相关关系，即较低的项目活动质量将导致项目返工，而造成项目成本的增加；而过高的项目质量，通常会由于对于项目工作的细化和超范围工作而产生项目成本的增加，这种情况经常出现在实际项目中，其具体变化情况如图 5-5 中的 M_3 所示。

　　通过对相关文献研究结果的分析和比较，本书将项目成本与项目质量的关系总结为如图 5-6 所示的情况，也就是在一定的项目时间约束下，项目质量与项目成本呈正相关关系。其中，Q_0 为项目计划的目标质量。Q_{min} 为能为项目业主所接受的最低质量标准。Q_{max} 为项目技术和项目客观条件所能实现的项目质量最高水平，而这三点分别对应项目成本的 C_0、C_{min} 和 C_{max}，即计划成本、最小成本和最大成本。

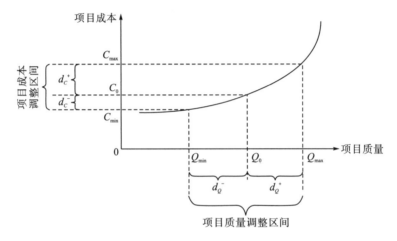

图 5-6　大型工程项目质量与项目成本相关关系示意图

资料来源：作者根据研究结果整理

　　从图 5-6 中可以看出，在点 Q_{min} 左侧，项目成本的小幅减少就会带来项目质量的大幅降低，而在点 Q_{max} 右侧，项目质量的小幅度提高就需要大幅度增加成本。因此，由 Q_{min} 和 Q_{max} 构成项目成本可调整区间内项目成本和项目质量的关系较为合理。$Q_{min} \sim Q_0$ 构成的区间为项目质量允许的负偏差区域 d_Q^-，$Q_0 \sim Q_{max}$ 则为项目质量的正偏差区域 d_Q^+；$C_{min} \sim C_0$ 为项目成本的负偏差 d_C^-，即为了在一定的项目时间约束下完成项目，通过降低项目质量而产生的项目成本减少幅度；$C_0 \sim C_{max}$ 表示由于项目质量提高而产生的项目成本增长幅度 d_C^+。

　　通过以上对现有项目质量、项目时间和项目成本两两要素间关系的分析，可以看出在对两种要素关系进行讨论时，都是在第三种要素不变的假设下开展的，这一方面是由于对要素间变动关系的描述只能在二维平面坐标系内进行，这将产生一种对两要素相关关系的表达，其中的每一个点都将对应不同要素的状态；另一方面，这种两两要素间的关系也是形成项目系统关系的基础，只有弄清了两两要素间的关系才能构建客观的系统结构。但需要注意的是，以上所述的两两要素关系，其中的两个要素均可以互为因变量和自变量，如项目时间可以是项目质量的自变量，同时项目质量的变化也可以引起项目时间的变化，这也是本书进行后续研究的重要前提。

(四)大型工程项目中项目范围与项目质量的关系

根据第三章中对项目范围的分析可知，项目范围涉及项目的"模样"与"大小"两个方面，并且同时包括项目产出物和项目工作范围两项内容。与此同时，第三章提出项目质量、项目成本和项目时间都是项目范围的函数，它们的状况、变化与项目范围息息相关。而就项目质量来说，它的实现是由项目产出物决定的，而项目产出物的质量在很大程度上又是由项目工作的质量决定的，做什么样的工作将决定着项目质量，如果项目质量的要求降低，那么也就是说对项目产出物的质量要求也相应降低，而项目工作的质量也会相应地降低。因此，项目范围和项目质量的关系可以概括为如图 5-7 所示的情况。

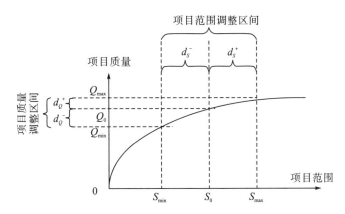

图 5-7　大型工程项目质量与项目范围相关关系示意图

资料来源：作者根据研究结果整理

如图 5-7 所示，项目质量与项目范围呈现一种正相关关系，并且这其中包括两层含义，其一是项目工作质量的提高会提高项目产出物的质量，于是项目的质量也随之提高，增加了项目工作的数量，使得原有的项目产出物在功能上得到提升，促使整个项目质量得到提高。其中，S_0 为计划的项目范围，S_{min} 为能够被业主接受的最小范围，S_{max} 为项目范围最大值，$S_{min} \sim S_0$ 便是项目范围的负偏差区域 d_S^-，$S_0 \sim S_{max}$ 为项目范围的正偏差区域 d_S^+，$S_{min} \sim S_{max}$ 便形成了项目范围的调整区间。相对应的，以 Q_0 为分界点，$Q_{min} \sim Q_0$ 为项目质量允许的负偏差 d_Q^-，即项目业主和利益相关者允许的质量降低幅度；而 $Q_0 \sim Q_{max}$ 为项目质量的正偏差 d_Q^+，也就是超出计划质量的部分。因此，$Q_{min} \sim Q_{max}$ 就构成了项目质量的调整区间。

(五)大型工程项目中项目范围与项目成本的关系

相比项目范围与项目质量的关系，项目范围与项目成本间的关系有所不同。项目成本是项目所有工作所用资源的价格，而项目范围的变化，主要是通过项目工作的调整，导致所采用资源种类和数量的变化，进而影响项目成本，而项目资源价格的变化也会反过来影响项目范围中项目工作的实施，两者的相关关系可以用图 5-8 来表示。

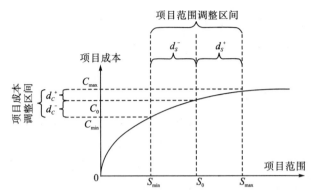

图 5-8　大型工程项目成本与项目范围相关关系示意图

资料来源：作者根据研究结果整理

如图 5-8 所示，项目成本与项目范围呈现出一种正相关关系，并且这其中包括两层含义：①项目工作数量的增加可能会增加项目成本，而对于每一项工作的质量要求并没有变化，于是项目的产出物可能也会随之增加；②项目范围中项目工作内容的变更，而在数量上并无增加，这样的情况也会使得项目成本有所上升。C_{min}～C_0 为项目成本允许的负偏差 d_C^-，即成本降低的幅度；而 C_0～C_{max} 为项目成本的正偏差 d_C^+，也就是超出计划成本的部分。因此，C_{min}～C_{max} 就构成了项目成本的调整区间。S_{min}～S_{max} 为项目范围的调整区间，其中 S_0 为计划的项目范围，S_{min} 为能够被业主接受的最小范围，点 S_{max} 为项目范围最大值，S_{min}～S_0 为项目范围的负偏差区域 d_S^-，S_0～S_{max} 为项目范围的正偏差区域 d_S^+。

（六）大型工程项目中项目范围与项目时间的关系

与项目成本与项目范围的关系相类似，项目范围和项目时间的相关关系也是建立在项目范围中的项目工作上的，而项目工作时间一方面是由自身的工作内容所决定，另一方面也取决于项目业主或项目利益相关者对项目产出物交付时间的要求。当项目时间缩短时，一方面可以通过压缩每项项目工作的时间来实现，另一方面也可以通过减少项目工作来达到目的。而项目工作时间的延长，在不改变项目工作排程的情况下，会引起项目时间的增加，基于此，项目范围与项目时间的关系可以概括为图 5-9。

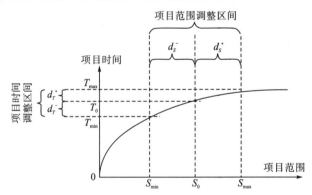

图 5-9　大型工程项目时间与项目范围相关关系示意图

资料来源：作者根据研究结果整理

如图 5-9 所示，T_0 为项目计划时间，T_{min}～T_0 为项目时间的负偏差区间 d_T^-，即时间缩短的幅度；而 T_0～T_{max} 为项目时间的正偏差范围 d_T^+，也就是超出计划时间的部分。因此，T_{min}～T_{max} 就构成了项目时间的调整区间。相对应的，S_{min}～S_{max} 为项目范围的调整区间，其中 S_0 为计划的项目范围，点 S_{min} 为能够被业主接受的最小范围，点 S_{max} 为项目范围最大值，S_{min}～S_0 为项目范围的负偏差区域 d_S^-，S_0～S_{max} 为项目范围的正偏差区域 d_S^+。

基于前文中对项目四要素中两两要素关系的分析，便完成了构建大型工程项目四要素科学配置关系的基础，即弄清了四要素中两两要素间的关系。然而根据本章开篇所述的四要素科学配置关系构建的原理和内容来看，还必须要弄清项目四要素各自所受到的约束和目标优先性，进而实现能够使系统最优的项目四要素配置关系。由于目标优先性不同的项目具有不同的项目特征，因此以下将基于不同的要素目标优先性对项目四要素的科学配置关系进行讨论，其中包括各要素在其中的变化，以及四要素最优配置的目标规划表达式。

第二节　质量优先的大型工程项目四要素科学配置关系分析

好的项目质量可满足项目利益相关者的功能需求，通常被视作项目要素目标中的首要目标，并且项目质量在很大程度上既不同于产品质量，也不同于服务质量，它兼具产品和服务两方面的特性，这种独特性表现在项目质量的双重性和项目质量的过程特性两方面（戚安邦，2007）。在项目质量要素目标优先情况下，基于项目利益相关者的要求和项目的资源条件，项目成本和项目时间会为了实现项目的质量目标而进行一些调整，而其中也会涉及项目范围与其他要素的关系，以下就将对项目质量目标优先的项目四要素科学配置关系进行阐述。

一、质量优先的大型工程项目四要素科学配置关系的构建原理

对于大型工程项目来说，项目质量要素目标优先的情况是十分常见的，这种要求主要是要让建成的项目确保能够满足项目利益相关者、区域经济和社会发展所需的功能要求，这是因为如果项目的质量不能得到保障，将会给项目所在区域今后的发展造成安全隐患，从而影响项目辐射区域的全面发展。以下就对这类项目的四要素科学配置关系的构建原理进行分析。

（一）质量优先的大型工程项目四要素科学配置关系的特点

四要素的基本配置关系如图 5-10(a)所示，项目范围作为项目质量、项目成本和项目时间围成的三角形的内切圆。此时，项目范围与代表项目质量、项目成本和项目时间的三条边相切，四种要素是一种科学配置关系，而只有按照这种配置关系来进行集成管理，才能真正达到项目系统整合增效的目的。

图 5-10(b)所表示的情况是项目质量为第一要素目标，即项目质量必须保证，但按照图 5-10(a)中的项目成本和项目时间已经不能完成这一目标，这就需要调整项目的成本和项目的时间来构建新的项目要素配置关系以满足项目质量目标的要求。因此，这时为了确

保项目质量目标的实现就必须根据项目四要素中两两要素的客观相关关系对其他三要素进行调整，进而形成新的能够满足要求的配置关系，图5-10（c）便表示经过调整后所得到的新的项目四要素配置关系，可以看出其中的项目成本、项目时间和项目范围都有了一定的增加。

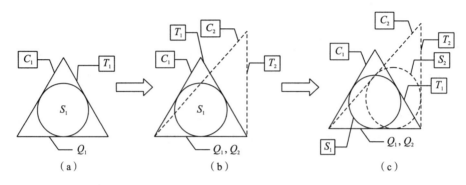

C_1 为初始项目成本；C_2 为变更后的项目成本；T_1 为初始项目时间；T_2 为变更后的项目时间；

Q_1 为初始项目质量；Q_2 为变更后的项目质量；S_1 为初始项目范围；S_2 为变更后的项目范围

图 5-10　质量优先的大型工程项目四要素科学配置关系演变示意图

资料来源：作者根据研究结果整理

（二）质量优先的大型工程项目四要素科学配置关系的调整原理

基于前文中对项目四要素中两两要素相关关系的分析和说明，可以看出项目质量和其他另外三个要素都有着密切关系。而从图5-4、图5-6、图5-7可知，当项目质量这一要素目标优先时，即项目的计划质量（Q_0）必须实现时，项目质量不可以有负偏差（d_Q^-），也就是说项目质量不能降低，而只可以达到或超过原计划中对项目质量的要求。因此，按照要素间的关系来看，只能扩大项目范围、延长项目时间和提高项目成本，也就是将这三要素在各自的正偏差范围（d_S^+、d_T^+、d_C^+）内进行调整，以达到满足项目质量目标实现的目的。

但是值得注意的是，除了上述在调整范围内的关系，寻找和建立新的四要素配置关系时，还必须注意到各个要素目标的优先性情况，这种优先性一方面来自项目利益相关者对要素目标的要求，另一方面则来自要素间关系的客观性。对于质量优先的这种项目来说，由于项目范围中包括了项目产出物，而项目产出物是实现项目质量目标的根本，因此首先必须弄清要产生满足项目质量要求的项目产出物需要做哪些项目工作，在此基础上才能根据项目工作的调整情况来对项目时间和项目成本做出适宜的调整，而在对这两项要素进行调整时，同样需要考虑外部对这两项要素目标的要求设置情况。

除了以上所述的来自外部的对项目四要素目标的要求而外，如同本章开篇所述的，项目要素所受的约束情况也对开展项目四要素科学配置关系的建立有很大的影响。对于这种质量优先的情况，在完成了项目范围的调整后，便要考察此时的项目范围是否超越了项目成本与项目时间所允许的最大调整范围，如果有则要增加项目时间和项目成本的投入，如果没有则进一步来调整项目成本与项目时间；要对调整后的项目时间和项目成本进行匹配，看是否能够在这两要素既定的调整范围内来实现，如果不能，就仍然要考虑扩大项目成本和项目时间两项要素的投入。

二、质量优先的大型工程项目四要素科学配置关系的具体情况

项目要素目标的优先性决定着配置关系的格局，而项目要素目标的优先性则与项目要素所受的约束强度相关，受约束越强，也就是要素可调整范围越窄的项目要素，其目标越优先。与此同时，如前文所述，在受到约束的条件下，每一种项目要素都会产生一定的可调整范围，在建立项目四要素配置关系时要充分考虑和利用这种可调整性，以实现最佳的项目四要素配置关系，其配置关系示意图如图 5-11 所示。

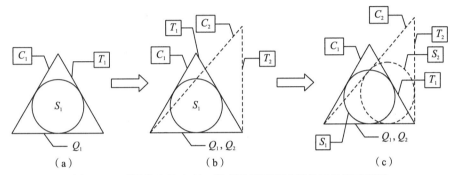

图 5-11　质量优先的大型工程项目四要素配置关系分类示意图

注：字母含义同图 5-10

资料来源：作者根据研究结果整理

图 5-11 显示了以项目质量目标为第一目标的项目四要素配置关系的两种不同情况。根据项目各要素目标优先性、约束强度之间的联系，以下就这两种情况进行说明。

如图 5-11(a)所示，为了确保项目质量目标的实现，项目成本、项目范围和项目时间分别进行了调整。基于第三章对项目范围和项目成本、项目质量以及项目时间关系的讨论，项目范围中项目工作和项目产出物都将影响项目其他三要素的配置情况，因此当现有的项目范围、项目成本和项目时间不能满足项目质量目标的实现时，应当首先对项目范围进行调整，进而对项目成本和项目时间进行调整。为了在建立新的配置关系中找到最佳的调整方案，本书将通过目标规划建模的方法进行说明，从目前的研究成果来看，目标规划方法已经被很多学者用于对项目两要素和三要素均衡问题的研究中。图 5-11(a)所示的目标规划模型如式(5-2)所示，而项目在调整之后要形成的新的科学要素配置关系就是该模型的求解结果。

在式(5-2)中，$P_1 \sim P_4$ 为优先因子，表示各项目要素目标的相对重要性，且 $P_1 > P_2 > P_3 > P_4$；Q、Q_0 分别为项目的实际质量与计划质量；T、T_0 分别为项目的实际时间与计划时间；C、C_0 分别为项目的实际成本与计划成本；S、S_0 分别为项目的实际范围与计划范围；$f(S)$ 表示项目时间是项目范围的函数，即 $f(S)=T$；$v(T)$ 表示项目成本为项目时间的函数，即 $v(T)=C$；$u(S)$ 表示项目成本是项目范围的函数，即 $u(S)=C$；$g(S)$ 表示项目质

量是项目范围的函数，即 $g(S)=Q$；d_i^- 表示各项目要素目标的负偏差；d_i^+ 表示各项目要素目标的正偏差；T_{max} 表示项目时间的最大值；C_{max} 表示项目成本的最大值。

$$\min Z = P_1(d_1^- + d_1^+) + P_2 d_4^+ + P_3 d_2^+ + P_4 d_3^+$$

$$\text{subject to}\begin{cases} Q + d_1^- - d_1^+ = Q_0 \\ T + d_2^- - d_2^+ = T_0 \\ C + d_3^- - d_3^+ = C_0 \\ S + d_4^- - d_4^+ = S_0 \\ f(S) + d_2^+ \leqslant T_{max} \\ v(T) + d_3^+ \leqslant C_{max} \\ u(S) + d_3^+ \leqslant C_{max} \\ g(S) + d_4^+ = Q_0 \\ d_i^- \geqslant 0; d_i^+ \geqslant 0; i = 1,2,3,4 \end{cases} \quad (5\text{-}2)$$

如式 (5-2) 所示，项目范围、项目成本和项目时间为了实现项目质量的目标分别进行了调整，并且其中每一项要素都在计划的基础上进行了增量，而这些增量之间还存在项目四要素的两两相关的关系，因此在进行调整时还必须注意其间存在的匹配关系和约束关系，由此便产生了式中的约束条件。与此同时，将式 (5-2) 与图 5-11(a) 相对照可以发现，项目要素调整的幅度与项目要素目标的优先情况呈反向变化，也就是说项目的目标优先程度越大，项目要素的调整幅度就越小，而这种调整幅度在很大程度上取决于项目要素所受的约束情况，受约束强度越大，项目要素可调整的幅度越小，而项目的优先性也就越强。图 5-11(b) 所示的情况就是在将项目质量要素目标作为第一目标的情况下，分别通过顺序调整项目范围、项目成本和项目时间来实现项目新的科学配置关系，其目标优先顺序为项目质量→项目范围→项目成本→项目时间，新的要素配置关系的求解可通过式 (5-3) 来求得。其中各符号的意义均与式 (5-2) 相同，只有项目成本与项目时间两者正偏差的优先顺序不同，并且 $v(C)$ 表示项目时间是项目成本的函数，即 $v(C)=T$。

$$\min Z = P_1(d_1^- + d_1^+) + P_2 d_4^+ + P_3 d_3^+ + P_4 d_2^+$$

$$\text{subject to}\begin{cases} Q + d_1^- - d_1^+ = Q_0 \\ T + d_2^- - d_2^+ = T_0 \\ C + d_3^- - d_3^+ = C_0 \\ S + d_4^- - d_4^+ = S_0 \\ f(S) + d_2^+ \leqslant T_{max} \\ v(C) + d_2^+ \leqslant T_{max} \\ u(S) + d_3^+ \leqslant C_{max} \\ g(S) + d_4^+ = Q_0 \\ d_i^- \geqslant 0; d_i^+ \geqslant 0; i = 1,2,3,4 \end{cases} \quad (5\text{-}3)$$

需要指出的是，以上所述的两种情况都是各要素调整幅度在既定调整范围内、能够实现项目系统最优和质量目标实现的四要素科学配置关系结果，各个要素的调整幅度均可以通过式(5-3)进行求解。但是如果出现了要素调整范围超出允许调整区间的现象，就需要对要素本身增加投入，扩大调整区间。

第三节　时间优先的大型工程项目四要素科学配置关系分析

关于项目时间的研究或许是项目管理领域中最早开始的，从一百多年前推出的甘特图到 20 世纪中期的项目关键路径、项目挣值管理、项目全生命周期等内容的讨论都是以项目时间作为研究对象的，这便不难看出该要素对于项目成功何等重要。作为项目目标中的一个重要组成部分，项目时间目标在很多项目实践中被视为第一目标，如在古埃及金字塔的修建过程中，时间就是项目的第一目标，以保证被安葬者的灵魂和参与修建金字塔的人的灵魂在阴间有归宿；而项目挣值管理在最初推出时，就是以武器研制项目中的项目时间为第一目标，而为了确保赛事的准时召开，奥运会场馆建设项目也是以项目时间目标作为项目的第一目标，以下将对这类项目中的四要素科学配置关系进行讨论。

一、时间优先的大型工程项目四要素科学配置关系的构建原理

对于大型工程项目来说，基于对特定区域内空间受占用带来的问题，以及项目施工对项目所在区域的不利影响和项目业主对项目交付时间要求的考虑，项目时间要素目标优先的情况还是较为普遍的。在这种项目中，项目必须在规定的时间内完工和交付使用，而项目的拖延将会给发展和项目利益相关者带来极其巨大的损害。以下就对这类项目的四要素科学配置关系的构建原理进行分析。

(一)时间优先的大型工程项目四要素科学配置关系的特点

如图 5-12 所示，最初的项目四要素配置关系是建立在项目四要素中两两要素客观关系上的。但是由于项目外部环境和实施条件的变化，使得在原有的项目质量、项目范围和项目成本的配置关系下已经不能实现项目时间要素目标，而项目时间目标由于具有第一优先性，因此不能对其进行调整，只能通过调整另外三个要素来构建新的四要素配置关系。

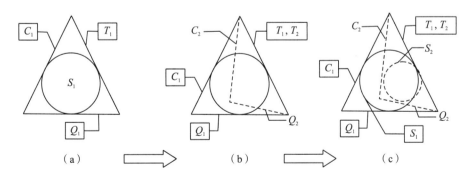

图 5-12　时间优先的大型工程项目四要素科学配置关系演变示意图

注：字母含义同图 5-10

资料来源：作者根据研究结果整理

图 5-12 就是根据项目目标的优先序列和项目四要素中两两要素间客观关系以及为了确保项目时间要素目标的实现而进行的项目四要素配置关系重构的过程，其中图 5-12(c)表示的就是能够满足项目按时交付这一目的的新的项目四要素配置关系，可以看出，相较于最初的项目四要素配置关系，其中的项目成本、项目范围和项目质量都有一定程度降低，其原因将在后文进行分析。

(二)项目时间目标优先的大型工程项目四要素科学配置关系的调整原理

项目时间作为项目在时间维度上的表现，往往表现为项目时点(schedule)和项目时期(duration)两个方面的内容(戚安邦，2007)，而项目时间也正是通过这两方面内容与项目其他要素有着密切的关系。按照图 5-2、图 5-4 和图 5-9 所示的情况，当项目时间这一要素的目标作为第一优先目标时，表示项目原定的项目交付时间不能变化，也就是项目时间不可以有正偏差(d_T^+)，即项目时间不能延长，只能在计划完工时点(Q_0)之前完成。因此，按照两两要素间的相关关系来看，只能通过将项目质量、项目范围在各自的负偏差(d_Q^-、d_S^-)区间内进行调整，而项目成本有可能由于赶工而增加，也有可能因为项目范围中项目工作的减少而缩减项目成本，但从优化的角度来说，应当尽量减少项目成本的增加，即图 5-12(c)所示的情况。

对于项目时间目标优先的项目来说，在进行项目四要素配置关系重构时，除了应该弄清各个要素的调整形式，还应该注意各个要素目标优先性的情况，这种优先性一方面来自项目利益相关者对项目要素目标的要求，另一方面则来自项目要素间所固有的一些前后顺序。如前文所述，若项目时间是项目范围的函数，而这种关系主要是建立在项目工作这一层面，即项目范围中所涉及的工作内容，将决定着需要多少时间来完成，而工作的完成时间又决定着项目产出物的交付时点，而这两方面都是项目时间的组成内容。因此，在进行项目时间目标优先的项目四要素配置关系的重构时，应当首先根据时间的要求，对项目范围进行调整，使得其中的项目工作能够在目标所设的时间内完成，进而再根据项目工作调整的情况来进行项目成本和项目质量的确定。

但值得注意的是，在进行以上调整时，除了要按照项目要素间固有的客观关系和优先性要求来进行，还需要注意各个要素的受约束情况，即各个要素可调整范围的限制。例如在对项目范围的调整中，要充分考虑项目质量的约束情况，而不能让项目范围的调整使项目质量的下调超出原定的最低限度，如果按照现有的项目时间确实无法实现原定的项目质量的最低要求，那么则要考虑调整项目质量。

以上分析中，通过缩小项目范围、缩减项目成本和降低项目质量来确保项目时间目标的实现，但由于项目各要素与项目的实施条件和项目环境密切相关，并且项目要素目标的优先性还取决于项目利益相关者对项目的期望和要求，因此在这种项目时间目标为第一优先目标的项目中，其他项目要素的优先序列也会呈现不同的情况，以下将对两种不同的情况进行说明。

二、时间优先的大型工程项目四要素科学配置关系的具体情况

基于以上对项目时间目标优先的项目四要素配置关系的基本变化形式的分析，为了在

项目既定的时间内完成项目，就要求不但要确保具有第一优先性的项目要素目标的实现，并且还要让其他拥有一定调整空间的项目要素也能在调整之后实现其目标，这就需要根据各个项目要素目标的优先性进行配置关系的构建。如图 5-13 所示，项目时间目标作为第一项目要素目标，在图 5-13（a）和图 5-13（b）两种情况中都没有发生变化，也就说该项目要素具有最强的约束，不可以进行调整，而其他三个项目要素则发生了不同程度的变化，并且形成新的项目四要素配置关系。

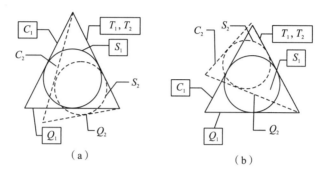

图 5-13　时间优先的大型工程项目四要素科学配置关系示意图

注：字母含义同图 5-10

资料来源：作者根据研究结果整理

如图 5-13（a）所示，虽然项目成本、项目质量和项目范围都发生了变化，但是它们变化的幅度却不尽相同，而这正是由于各个项目要素目标的优先性不同所决定的。从变更幅度上来看，项目质量调整幅度最大，这也就说明了项目质量拥有较弱的项目约束，而项目成本则约束较强。对于项目范围来说，由于它决定了项目工作的内容，而这是决定项目成本的前提，因此在进行项目质量和项目成本的调整之前应当先根据项目时间的情况对项目范围进行调整，形成项目时间→项目范围→项目成本→项目质量的项目目标优先序列，这种情况下的项目目标规划模型如式（5-4）所示。

$$\min Z = P_1(d_3^- + d_3^+) + P_2 d_4^+ + P_3 d_3^+ + P_4 d_1^+$$

$$\text{subject to} \begin{cases} Q + d_1^- - d_1^+ = Q_0 \\ T + d_2^- - d_2^+ = T_0 \\ C + d_3^- - d_3^+ = C_0 \\ S + d_4^- - d_4^+ = S_0 \\ f(C) - d_1^+ \geq Q_{\max} \\ v(S) - d_1^+ \geq Q_{\max} \\ u(S) - d_3^+ \geq C_{\max} \\ g(S) - d_2^+ = T_0 \\ d_i^- \geq 0; d_i^+ \geq 0; i = 1, 2, 3, 4 \end{cases} \tag{5-4}$$

如式（5-4）所示，$P_1 \sim P_4$ 为优先因子，表示各项目要素目标的相对重要性，且 $P_1 > P_2 > P_3 > P_4$；Q、Q_0 分别为项目的实际质量与计划质量；T、T_0 分别为项目的实际时间与计划时间；C、C_0 分别为项目的实际成本与计划成本；S、S_0 分别为项目的实际范围与计划范围；$f(C)$ 表示项目质量是项目成本的函数，即 $f(C) = Q$；$v(S)$ 表示项目质量是项目范围的函数，即 $v(S) = Q$；$u(S)$ 表示项目成本是项目范围的函数，即 $u(S) = C$；$g(S)$ 表示项目时间是项目范围的函数，即 $g(S) = T$；d_i^- 表示各项目要素目标的负偏差；d_i^+ 表示各项目要素目标的正偏差；C_{min} 表示项目成本的最小值；Q_{min} 表示项目质量的最小值。

从式(5-4)可以看到，在目标函数中分别对项目四要素的偏差进行了表达，并且通过求解各项要素的最小偏差来实现新的项目四要素配置关系的建立。而在约束条件中也对要素之间的相关关系进行了分析，以确保项目各要素不但满足目标优先性的要求，同时也满足项目要素间的制约关系。与此同时可以看到，项目范围与项目质量、项目成本和项目时间都有着相关关系，它的变更和调整将对其他项目要素有着重要影响。

而图 5-13(b)所表示的情况则有所不同，其中项目质量的调整幅度要小于项目成本的调整幅度，而项目范围也相应地发生了变化，在这种情况下，项目要素目标的优先序列为项目时间→项目范围→项目质量→项目成本。其目标规划的数学表达式如式(5-5)所示。

$$\min Z = P_1(d_3^- + d_3^+) + P_2 d_4^+ + P_3 d_1^+ + P_4 d_3^+$$

$$\text{subject to} \begin{cases} Q + d_1^- - d_1^+ = Q_0 \\ T + d_2^- - d_2^+ = T_0 \\ C + d_3^- - d_3^+ = C_0 \\ S + d_4^- - d_4^+ = S_0 \\ f(Q) - d_3^+ \geqslant C_{max} \\ v(S) - d_1^+ \geqslant Q_{max} \\ u(S) - d_3^+ \geqslant C_{max} \\ g(S) - d_2^+ = T_0 \\ d_i^- \geqslant 0; d_i^+ \geqslant 0; i = 1, 2, 3, 4 \end{cases} \tag{5-5}$$

式(5-5)中，$f(Q)$ 表示项目成本为项目质量的函数，即 $f(Q) = C$；其他符号意义同式(5-4)。对比式(5-4)和式(5-5)可以看出，具有较强目标优先性的项目要素在建立要素配置关系时，在受到项目目标本身的约束时，还必须考虑其他要素带来的约束，这是因为所有的项目要素在配置关系的建立中，都会存在自身的调整区间，如果超越其中的上限和下限，就会使项目要素之间的关系遭到破坏，而整个项目目标就难以实现。

第四节　成本优先的大型工程项目四要素科学配置关系分析

项目成本是项目获取资源的花费，没有了项目成本，项目就会成为"无米之炊"。但在很多情况下，项目的成本都有严格的约束，即项目预算是固定的，项目成本没有可以增加的空间，而为了在项目成本目标的约束下完成项目，通常需要根据项目的实际情况对项目另外三个要素进行调整。例如，在现代航空计划中，成本是有明确限定的，它只能在预算内实施。基于以上对项目两两要素间关系的讨论，以下将对项目成本目标优先的项目四要素科学配置关系以及其中各要素的情况进行分析。

一、成本优先的大型工程项目四要素科学配置关系的构建原理

对于大型工程项目来说，由于项目具有功能多样性、结构复杂性的特点，使项目工作和项目产出物所涉及的项目资源种类十分丰富，而每种资源的价格受到市场供给和市场定价的影响也不尽相同，加之这种项目的投资额巨大，因此在很多此类项目中，都对项目成本有着很严格的要求，不能随意增加项目成本，很多项目都将能够在既定的项目成本内完工视作第一目标。以下就对这类项目的四要素科学配置关系的构建原理进行分析。

（一）成本优先的大型工程项目四要素科学配置关系的特点

对于项目成本目标优先的项目来说，在项目实施过程中通常会因为项目外界环境和项目管理的原因导致项目不能在一定的项目成本下按照原有计划完成，因此需要通过对其他三个要素进行调整来实现既定的项目成本目标。图 5-14(a) 表示项目最初的项目要素配置关系，而根据前文中对于项目成本与项目质量、项目成本与项目时间关系的分析，当项目成本固定时，只能通过降低对其他三个要素的要求来确保不超过项目既定的成本。

如图 5-14 所示，项目成本不可变，因此按照项目四要素中两两要素间存在的客观关系，只能通过降低质量、缩短工期、减少项目工作和调整项目工作内容等方式来实现这一目标，而其中的原因和原理将在后文中进行分析说明。

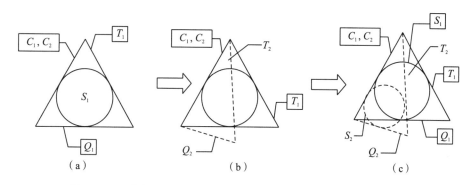

图 5-14　成本优先的大型工程项目四要素科学配置关系演变示意图

注：字母含义同图 5-10

资料来源：作者根据研究结果整理

（二）成本优先的大型工程项目四要素科学配置关系的调整原理

基于图 5-2、图 5-6 和图 5-8 中对项目成本与其他三要素关系的分析可以看出，项目成本可以说是项目获得项目资源情况的体现，而如果项目成本目标为第一优先目标，就意味着项目成本没有增加的可能性，即项目成本不能有正偏差（d_C^+），只能在计划的成本内来开展项目。因此，按照项目成本与其他项目三要素的关系可以看出，要确保项目成本不

超支，就只能通过将项目质量、项目范围和项目时间在各自的负偏差区间（d_Q^-、d_S^-、d_T^-）内来进行调整，即降低质量要求、减少项目工作和项目产出物的数量或调整内容，以及缩短项目时间，并且要尽量使每个要素的调整量最小和相互匹配关系成立。

为了要实现项目不超支的目标，在对项目质量、项目范围和项目时间这三要素进行调整的时候，要注意各要素之间固有的项目要素前后关联的顺序。对于项目成本来说，其主要是指为了实现项目目标而开展的项目活动中所耗费各种资源而产生的费用（戚安邦，2007）。因此，项目成本与项目范围中的项目工作和项目产出物有着密切联系，基于这种联系，应该先根据项目成本的情况，对项目范围进行调整，即缩减一些项目工作和项目产出物，使得调整后的项目范围能够在既定的项目成本范围内完工，进而再根据项目时间和项目质量与项目范围的关系来对这两个要素进行调整。

但值得注意的是，在对项目范围进行调整的过程中，必须要注意与项目质量的关系，以及项目质量的可调整范围。如果在缩小项目范围的过程中，项目质量低于最低要求，那么就要尝试对项目范围进行重新调整，或者增加项目时间或者改变项目质量的最低要求来形成新的项目四要素配置关系。由于项目各要素各自的目标设定、项目利益相关者对其的关注程度和受外部环境的约束情况不尽相同，因此以下将对两种以项目成本为第一目标的项目四要素配置关系进行说明。

二、成本优先的大型工程项目四要素科学配置关系的具体情况

通过对项目成本目标优先的项目四要素科学配置关系的基本原理进行分析可以看出，为了满足项目成本目标，也就是要在既定的项目成本内完成项目，在建立新的要素配置关系时就要对项目时间、项目范围和项目质量进行调整，但由于这三项要素仍然会有各自的约束，因此也就存在着目标的优先顺序问题，以下就对其中涉及的两种情况进行分析。

如图5-15所示，为了满足项目成本的目标，项目时间缩短、项目范围缩小、项目质量降低，并且可以看出项目质量的调整幅度最大。而其中的范围缩小包含着两层含义：①由于项目成本有限，可能对原有的项目工作数量进行了削减；②降低了原定的项目工作质量以及交付物质量，从而实现降低成本的目的，而项目时间则会因为工作数量和质量要求的降低而缩短，图5-15所示情况的目标规划模型可以用式(5-6)表达。

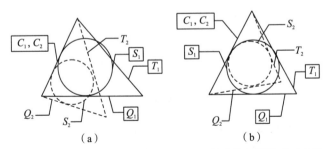

图5-15　成本优先的大型工程项目四要素科学配置关系示意图

注：字母含义同图5-10

资料来源：作者根据研究结果整理

$$\min Z = P_1(d_3^- + d_3^+) + P_2 d_4^+ + P_3 d_1^+ + P_4 d_2^+$$

$$\text{subject to} \begin{cases} Q + d_1^- - d_1^+ = Q_0 \\ T + d_2^- - d_2^+ = T_0 \\ C + d_3^- - d_3^+ = C_0 \\ S + d_4^- - d_4^+ = S_0 \\ f(Q) - d_2^+ \geqslant T_{\max} \\ v(S) - d_1^+ \geqslant Q_{\max} \\ u(S) - d_2^+ \geqslant T_{\max} \\ g(S) - d_3^+ = C_0 \\ d_i^- \geqslant 0; d_i^+ \geqslant 0; i = 1,2,3,4 \end{cases} \tag{5-6}$$

如式(5-6)所示，$P_1 \sim P_4$ 为优先因子，表示各项目要素目标的相对重要性，且 $P_1 > P_2 > P_3 > P_4$；Q、Q_0 分别为项目的实际质量与计划质量；T、T_0 分别为项目的实际时间与计划时间；C、C_0 分别为项目的实际成本与计划成本；S、S_0 分别为项目的实际范围与计划范围；$f(Q)$ 表示项目时间是项目质量的函数，即 $f(Q)=T$；$v(S)$ 表示项目质量为项目范围的函数，即 $v(S)=Q$；$u(S)$ 表示项目时间是项目范围的函数，即 $u(S)=T$；$g(S)$ 表示项目成本是项目范围的函数，即 $g(S)=C$；d_i^- 表示各项目要素目标的负偏差；d_i^+ 表示各项目要素目标的正偏差；$T_{\min}$ 表示项目时间的最小值；$Q_{\min}$ 表示项目质量的最小值。

将式(5-6)和图 5-15(a)相对照可以看出，在这种情况下，项目要素目标的优先序列为项目成本→项目范围→项目质量→项目时间。也就是说，为了实现项目成本的目标，首先通过对项目范围进行调整，形成可以满足项目成本约束的项目范围，然后再对项目质量和项目时间依次进行调整。再调整过程中，不但要注意项目目标的优先序列情况，同时也要注意各个要素间的相互制约关系。在这种情况下，由于只能缩小项目范围、缩短项目时间和降低项目质量，因此必须注意在进行调整时，不能突破每种要素可调整的下限，也就是要满足项目完工的最低要求，这是因为项目整体目标的实现不能缺少项目四要素中的任何一项，只是由于项目要素目标的要求和约束不同，因此在进行项目要素配置关系建立时可以利用这种项目要素约束情况，来进行项目四要素科学配置关系的建立与变更。

相比图 5-15(a)所示的情况，图 5-15(b)可以用来说明另一种项目成本优先的项目四要素配置关系建立的情况。在这种情况下，基于对项目成本约束的考虑，首先对项目范围进行缩减，进而对项目时间进行调整，最后则根据其他项目要素的情况确定项目质量，而这种配置关系调整的结果可以用式(5-7)的目标规划模型进行求解。

$$\min Z = P_1(d_3^- + d_3^+) + P_2 d_4^+ + P_3 d_2^+ + P_4 d_1^+$$

$$\text{subject to} \begin{cases} Q + d_1^- - d_1^+ = Q_0 \\ T + d_2^- - d_2^+ = T_0 \\ C + d_3^- - d_3^+ = C_0 \\ S + d_4^- - d_4^+ = S_0 \\ f(T) - d_1^+ \geqslant Q_{\max} \\ v(S) - d_1^+ \geqslant Q_{\max} \\ u(S) - d_2^+ \geqslant T_{\max} \\ g(S) - d_3^- = C_0 \\ d_i^- \geqslant 0; d_i^+ \geqslant 0; i = 1, 2, 3, 4 \end{cases} \tag{5-7}$$

式(5-7)中，除 $f(T)$ 表示项目质量是项目时间的函数，即 $f(T)=Q$，其余符号意义同式(5-6)。对比式(5-6)与式(5-7)，在项目目标函数中，项目时间与项目质量的优先序列有所不同，并且在约束条件中，项目时间与项目质量的相互关系也有所不同。在式(5-7)中，项目质量也取决于项目时间的因素，也就是说项目质量的确定不但与项目范围调整的幅度有关，同样也受到项目时间的影响。在式(5-6)中，这种情况则正好相反。事实上，在一定的项目成本约束下，经常会存在项目成本由于受到市场供给和资源价格的影响，而无法实现原定的最低的项目质量要求的情况，而在这种情况下，就只能通过增加项目投资来完成项目。

第五节　范围优先的大型工程项目四要素科学配置关系分析

通过以上对项目质量、项目成本和项目时间目标优先的项目四要素配置关系的分析可以看出，在不同的项目要素目标优先序列下，往往是通过牺牲其他三要素的目标来保证项目具有第一优先性的项目目标的实现。而在实现过程中，项目范围这一要素决定了项目工作和项目交付物两方面的内容，而这两方面均与项目其他三要素相关，因此在进行项目目标要素的调整时，都是基于具备第一优先性目标的要求先进行项目范围的调整，然后再基于项目范围的调整内容和与其他另外两要素的相关关系来进行整体项目四要素科学配置关系的构建。但事实上，项目范围要素目标在一些项目中也会成为具有第一优先性的项目要素目标，以下就将对这种情况进行分析。

一、范围优先的大型工程项目四要素科学配置关系的构建原理

巨量的项目工作和复杂多样的项目产出物也许正是大型工程项目的范围要素的特点，而在此类项目中，有部分项目将项目范围要素的目标视为第一优先目标，如老旧城区的拆迁项目，为了要完成既定范围内的拆迁工作，在拆迁的时间、成本和质量上往往则具有一定的可调整性，如果项目范围目标不能实现，就会引发一系列的社会和经济的不良影响。以下就对这类项目的四要素科学配置关系的构建原理进行分析。

（一）范围优先的大型工程项目四要素科学配置关系的特点

在项目范围目标优先的项目中，即项目工作和项目产出物不可变化，项目范围对其他项目要素构成约束，因此只能通过调整其他项目三要素来满足项目范围的要求，并建立新的项目配置关系。图 5-16 所示的就是项目范围作为第一优先项目要素目标时，另外三个项目要素的变动情况。

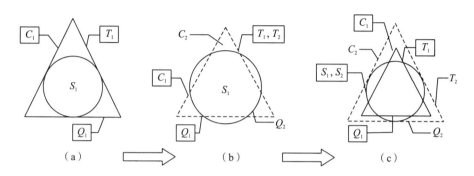

图 5-16　项目范围目标优先的项目四要素科学配置关系演变示意图

注：字母含义同图 5-10

资料来源：作者根据研究结果整理

图 5-16(a)表示项目四要素的最初配置关系，但由于受到项目外部环境和资源条件等因素的影响，项目成本、项目质量和项目时间与项目范围之间已经不能实现原有的项目四要素匹配关系，此时就会形成项目范围超出其他三要素可以承受范围或者小于其他三要素承受范围的不匹配情况。图 5-16(b)为项目范围超出的情况。因此为了要建立新的项目四要素科学配置关系，并且确保第一项目要素目标——项目范围的实现，就必须要根据项目范围的情况来对其他项目三要素进行调整，从而重新构建起以项目范围为核心，而其他三要素与之紧密"相切"的项目四要素配置关系，即图 5-16(c)所示的情况。

（二）范围优先的大型工程项目四要素科学配置关系的调整原理

项目范围要素目标如果作为第一优先目标，不能低于原定的项目范围要求，而这其中包含两层内容：①计划的项目工作在数量和内容上不能变化；②项目产出物在数量上不能减少。根据前文的分析，以及对图 5-7、图 5-8 和图 5-9 的分析，此时就只能通过在项目成本、项目质量和项目时间各自的可调整区间内进行调整来实现。然而在进行调整的过程中，对于项目成本来说，可以在其正偏差(d_C^+)允许的范围内增加项目成本，项目时间也在其正偏差(d_T^+)允许的范围内延长项目时间，以此来确保项目范围内规定的项目工作和项目产出物在数量上能够保证，而对于项目质量来说，则可以在项目范围目标能够实现的情况下选择下调或提高项目质量，以确保项目成本和项目时间之间的匹配关系不被破坏。也就是说，如果为了实现项目范围的目标，但是既有的项目质量目标由于受到项目成本和项目时间上限的约束而无法达到或者提高项目质量时，可以选择在项目质量下限允许的情况下适当降低项目质量来满足项目时间和项目成本带来的约束。

但值得注意的是，图 5-16(c)所示的情况是一种项目质量、项目成本和项目时间三要素同比例的变化，而这种情况并非是最常见和可能的情形。在很多情况下，由于受到项目资源和项目利益相关者期望和要求的影响，除项目范围作为第一目标外，通常对于其他三要素也会有一定的约束，并且使其具有了优先性的区别，因此以下将对这些情况进行分类说明。

二、范围优先的大型工程项目四要素科学配置关系的具体情况

基于前文中对项目范围目标作为第一优先目标的项目四要素配置关系，以及它与其他项目要素间相关关系的分析可以看出，由于项目范围会对项目其他三要素同时产生影响，即项目质量、项目时间和项目成本均是项目范围的函数，因此相比其他要素目标优先的配置关系来说，这种配置关系将会有更多的配置方案，以下将对项目范围不变情况下的项目四要素配置关系进行说明。

如图 5-17 所示，在项目范围目标为第一优先目标时，为了实现这一目标，对项目其他三要素分别进行调整，形成新的项目四要素配置关系。其中，图 5-17(a)～图 5-17(c)分别表示在项目范围不变的情况下，增大其他项目两要素而缩小一种要素的情况，而图 5-17(d)则表示项目的另外三要素均增加的情况。

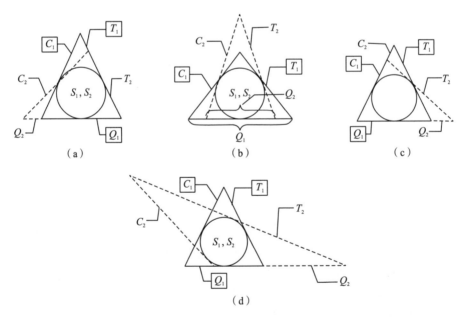

图 5-17　项目范围优先的四要素配置关系示意图

注：字母含义同图 5-10

资料来源：作者根据研究结果整理

图 5-17(a)表达的是一种通过增加项目成本和适量提高项目质量，同时压缩部分工期的方式来实现项目范围目标的情况，这种情况的目标规划模型有如下表达。

如式(5-8)所示，$P_1 \sim P_4$ 为优先因子，表示各项目要素目标的相对重要性，且 $P_1 > P_2 > P_3 > P_4$；Q、Q_0 分别为项目的实际质量与计划质量；T、T_0 分别为项目的实际时间与计划时间；C、C_0 分别为项目的实际成本与计划成本；S、S_0 分别为项目的实际范围与计划范围；$f(Q)$ 表示项目成本是项目质量的函数，即 $f(Q) = C$；$v(T)$ 表示项目成本为项目时间的函数，即 $v(T) = C$；$u(Q)$ 表示项目时间是项目质量的函数，即 $u(Q) = T$；$g(Q)$ 表示项目范围是项目质量的函数，即 $g(Q) = S$；d_i^- 表示各项目要素目标的负偏差；d_i^+ 表示各项目要素目标的正偏差；C_{min}、C_{max} 分别表示项目成本的最小值和最大值；T_{max} 表示项目时间的最大值。

$$\min Z = P_1(d_4^- + d_4^+) + P_2 d_1^+ + P_3 d_2^+ + P_4 d_3^+$$

$$\text{subject to} \begin{cases} Q + d_1^- - d_1^+ = Q_0 \\ T + d_2^- - d_2^+ = T_0 \\ C + d_3^- - d_3^+ = C_0 \\ S + d_4^- - d_4^+ = S_0 \\ f(Q) - d_3^+ \leqslant C_{max} \\ v(T) - d_2^+ \geqslant C_{max} \\ u(Q) - d_3^+ \leqslant T_{max} \\ g(Q) - d_4^+ = S_0 \\ d_i^- \geqslant 0; d_i^+ \geqslant 0; i = 1, 2, 3, 4 \end{cases} \tag{5-8}$$

如式(5-8)所示，项目质量、项目成本和项目时间分别围绕项目范围进行了调整，而采取的主要途径是增加项目成本、提高项目质量而缩短项目时间。在这种情况下，在项目范围内的项目工作和项目交付物的质量和成本均有所增加，这也符合项目成本与项目质量之间的相关关系，而项目时间的缩短幅度必须满足项目质量的实现，并且还受制于项目成本的情况，此时的项目成本最小值是指在项目成本和项目时间呈正比关系时的最小值，而如果项目时间过多地压缩，则可能无法达到项目的最低质量要求。

与图 5-17(a)相比，图 5-17(b)表示的是为了满足项目范围目标的实现，通过对项目质量的相对降低和成本、时间的增加来建立新的项目四要素配置关系。在这种情况下，通常是对项目范围中所包括的项目工作和项目可交付物的质量进行调低来实现的。值得注意的是，这种情况似乎与前文所述的项目质量、项目时间和项目成本两两要素间的相关关系不符，但事实上，这里所指的项目质量的降低并不是对原有质量的绝对降低，而是指一种相对项目时间和项目成本的降低，并且这种调整也是以满足最低项目质量要求为边界的。在这种情况下，其目标规划的表达式为式(5-9)。

$$\min Z = P_1(d_4^- + d_4^+) + P_2 d_3^+ + P_3 d_1^+ + P_4 d_2^+$$

$$\text{subject to} \begin{cases} Q + d_1^- - d_1^+ = Q_0 \\ T + d_2^- - d_2^+ = T_0 \\ C + d_3^- - d_3^+ = C_0 \\ S + d_4^- - d_4^+ = S_0 \\ f(T) + d_2^+ \leqslant C_{\max} \\ v(Q) + d_1^+ \geqslant C_{\max} \\ u(T) + d_2^+ \leqslant Q_{\max} \\ g(T) - d_4^+ = S_0 \\ d_i^- \geqslant 0; d_i^+ \geqslant 0; i = 1, 2, 3, 4 \end{cases} \quad (5\text{-}9)$$

如式(5-9)所示，$f(T)$ 表示项目成本是项目时间的函数，即 $f(T) = C$；$v(Q)$ 表示项目成本为项目质量的函数，即 $v(Q) = C$；$u(T)$ 表示项目质量是项目时间的函数，即 $u(T) = Q$；$g(T)$ 表示项目范围是项目时间的函数，即 $g(T) = S$；$C_{\min}$、$C_{\max}$ 分别表示项目成本的最小值和最大值；$Q_{\max}$ 表示项目质量的最大值；其他符号的意义同式(5-8)。在这种情况下，项目要素目标优先顺序为项目范围→项目时间→项目质量→项目成本，而项目时间和项目成本分别是在原计划的基础上进行增加，而项目的计划质量则有所降低，形成这样的配置关系的原因在于原有的计划项目质量高于项目范围目标可实现的项目质量，而项目成本和项目时间则不足以实现项目范围目标。因此，在构建新的项目四要素配置关系时，对原有的项目质量进行降低，而增加了项目时间和项目成本，由此来满足项目范围目标的要求。

而相对于以上两种情况，图 5-17(c)表示的是一种相对降低项目成本，通过增加项目时间和提高项目质量的方式来实现新的项目四要素配置关系构建的情况。由于受到项目外部条件和项目利益相关者要求的限制，此时的项目要素目标优先序列为项目范围→项目成本→项目质量→项目时间，其目标规划的数学表达式为

$$\min Z = P_1(d_4^- + d_4^+) + P_2 d_3^+ + P_3 d_1^+ + P_4 d_2^+$$

$$\text{subject to} \begin{cases} Q + d_1^- - d_1^+ = Q_0 \\ T + d_2^- - d_2^+ = T_0 \\ C + d_3^- - d_3^+ = C_0 \\ S + d_4^- - d_4^+ = S_0 \\ f(C) + d_2^+ \leqslant T_{\max} \\ v(C) + d_1^+ \geqslant Q_{\max} \\ u(Q) + d_2^+ \leqslant T_{\max} \\ g(C) - d_4^+ = S_0 \\ d_i^- \geqslant 0; d_i^+ \geqslant 0; i = 1, 2, 3, 4 \end{cases} \quad (5\text{-}10)$$

如式(5-10)所示，$f(C)$ 表示项目时间是项目成本的函数，即 $f(C) = T$；$v(C)$ 表示项目质量为项目成本的函数，即 $v(C) = Q$；$u(Q)$ 表示项目时间是项目质量的函数，即 $u(Q) = T$；$g(C)$ 表示项目范围是项目成本的函数，即 $g(C) = S$；$T_{\max}$ 分别表示项目时间的最小值和最

大值；$Q_{\max}$ 表示项目质量的最大值，其他符号的意义同式(5-8)。在这种情况下，由于通过相对减少项目的成本投入，而增加了项目时间，提高项目质量，由此便形成了新的项目四要素配置关系，这种关系中项目范围保持不变，但对于其中每一项项目工作和项目可交付物的项目时间、成本和质量的配置关系却发生了变化，而这些变化必须是在各要素可调整范围内实现的。

相比图 5-17(a)～图 5-17(c)中的情况，图 5-17(d)表示的则是一种为了满足项目范围目标第一优先性而同时增加项目成本、提高项目质量和延长项目时间的调整方案，在这种情况下，通过按照项目要素间两两相关关系，围绕原有的项目范围建立了新的项目四要素配置关系，而这种方案同样可以采用目标规划模型进行如式(5-11)的表述：

$$\min Z = P_1(d_4^- + d_4^+) + P_2 d_3^+ + P_3 d_2^+ + P_4 d_1^+$$

$$\text{subject to} \begin{cases} Q + d_1^- - d_1^+ = Q_0 \\ T + d_2^- - d_2^+ = T_0 \\ C + d_3^- - d_3^+ = C_0 \\ S + d_4^- - d_4^+ = S_0 \\ f(C) + d_2^+ \leqslant T_{\max} \\ v(C) + d_1^+ \geqslant Q_{\max} \\ u(T) + d_1^+ \leqslant Q_{\max} \\ g(C) + d_4^+ = S_0 \\ d_i^- \geqslant 0; d_i^+ \geqslant 0; i = 1,2,3,4 \end{cases} \tag{5-11}$$

如式(5-11)所示，若在这种情况下，项目要素目标的优先序列为项目范围→项目成本→项目时间→项目质量，那么可以看出，除项目范围以外，项目的其他要素均在原计划的基础上进行了增加，而其中的增加量必须根据项目要素之间的两两相关关系来进行确定。其中，$f(C)$ 就表示项目时间是项目成本的函数，即 $f(C)=T$，在这种关系下，项目成本的变化便不能超过项目时间允许的最大值。类似的，项目质量作为项目成本的函数，即 $v(C)=Q$，在对项目成本进行调整时，亦不能超过项目质量所允许的上限，并且在进行项目成本的增加时，必须考虑和项目范围的匹配关系，以便确保项目范围目标的实现。

通过对以上不同项目要素目标优先情况下的项目四要素配置关系目标规划模型的分析，便可求解出基于项目四要素计划的调整方案。在对这种方案进行调整的过程中，不但要确保具有第一优先性的要素目标的不变性，即该要素的正负偏差为最小，同时还要注意其他要素在调整时的相互匹配性，而这种相互匹配性一方面取决于要素之间的关联方式，同时还与要素的可变幅度，也就是每个要素相对于其他要素的可调整范围有着密切关系，如果在调整过程中超出了项目要素允许的可变更范围，那么就要考虑调整要素的可调整范围或重建项目四要素配置关系。

第六章 大型工程项目四要素集成管理方法研究

基于第四章对大型工程项目四要素集成管理原理的分析可以看出，这种集成管理的核心是以项目四要素的配置关系为依据，通过一系列的管理过程来实现项目的第一优先目标并且实现四要素系统的最优化。通过第五章的分析可以看出，不同优先序列下的项目四要素配置关系具有不同的特点，这就要求集成管理的开展也必须满足这种特殊性。因此，本章将在第四章和第五章研究结果的基础上，在对基于优先序列的大型工程项目四要素集成管理内涵进行分析的基础上，进一步对四类不同目标优先序列下的，以计划、控制和变更子过程为重点的集成管理方法进行研究，从而形成一套具有针对性的基于项目四要素管理的方法。

第一节 基于优先序列的大型工程项目四要素集成管理内涵

项目集成管理作为一种基于配置关系、全面优化、全面协调的项目管理工作，决策是其核心，并且决策将贯穿项目管理的各个阶段和各个子过程中的管理活动。对于大型工程项目四要素集成管理来说，通过前文中的分析可以看出，由于它是以项目四要素配置关系为管理依据的，因此首先要基于配置关系的内涵对集成管理的本质进行讨论，才能对其中包含的具体管理阶段和活动进行进一步分析。

一、基于优先序列的大型工程项目四要素集成管理过程的本质

由前文中对这种项目四要素配置关系的内涵和构成的分析可以看出，构建这种配置关系的重点在于按照项目要素目标的优先序列、两两要素间的关系和要素所受的约束来找到能够实现项目目标的四要素之间的最佳匹配关系。而在关于四要素集成管理原则的分析中也再一次强调，必须按照要素目标优先序列和以两两集成和分步集成作为基本思想来进行这种集成管理。因此对于这种项目四要素集成管理的基本过程来说，其主要目的就是如何在管理过程中落实这种管理原则，并且找到和实现这种配置关系，而要解决这一问题的根本就在于如何找到配置关系中的各个构成部分以及实现它们的最优组合。

于是，依据这种思路和配置关系的构成，大型工程项目四要素集成管理的决策内容包括项目各要素目标优先性、项目要素受资源约束情况、项目要素调整范围和项目要素间的关系，而其中的项目要素目标的优先性和要素的调整范围则是另外几项的集中体现。因此，基于前文中对项目四要素配置关系的分析，可以说项目四要素集成管理就是对项目要素目标的优先性和调整范围进行决策的过程。如果采用数学模型进行表示，项目四要素集成管理过程可以概括为一个以项目要素数量作为阶段数，而项目目标优先序列和项目要素调整

范围为变量的动态规划问题，如图 6-1 所示。

图 6-1　项目四要素集成过程的动态规划示意图

资料来源：作者根据研究结果整理

如图 6-1 所示，项目四要素集成管理过程作为一个动态规划问题，按照项目要素来划分阶段，其中状态 P_1 表示项目要求的第一项目要素目标，而决策变量为项目要素的变化幅度 $d_k^{\pm}$，项目要素状态则由项目要素的优先序列 P_k 和项目要素的变化幅度 $d_k^{\pm}$ 共同决定，并且两者间的关系可以表示为 $P_k = f(d_k^{\pm})$。在集成管理过程中，当决定了前一要素的状态后，才能考虑下一要素的优先顺序和变化情况。根据动态规划的最优性原理，这样的集成过程才能实现在项目目标下的最优集成结果。以项目四要素中项目质量优先的情况为例，这将是一个四阶段的动态规划问题，阶段 1 为对项目质量的分析，在项目需求的约束下，此时项目质量被赋予第一优先序列，并且其正负偏差均为 0，即实现 min $d_1^{\pm}$ =0。这一结果就将成为阶段 1 的项目要素状态 $v_1(P_1,d_1^{\pm})$。输出 P_2，继而进行阶段 2 的决策，此时则要根据项目范围、项目成本和项目时间的约束情况进行决策，在考虑了项目利益相关者的要求后，约束较强的要素则作为第二优先的项目目标，并且确定其调整幅度 $d_2^{\pm}$。这样逐次进行分析便能完成项目四要素的两两集成和分步集成，并且达到整体寻优的效果。

二、基于优先序列的大型工程项目四要素集成管理的管理过程

基于第四章对大型工程项目四要素集成管理基本过程和各子过程内容的分析，以及前文中对这种管理过程本质的分析，以下将对基于优先序列的大型工程项目四要素集成管理的五个子过程进行说明，其具体内容如图 6-2 所示。

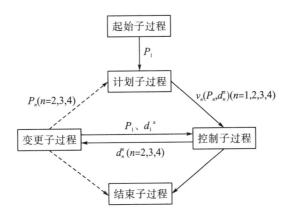

图 6-2　基于优先序列的大型工程项目四要素集成管理过程示意图

资料来源：作者根据研究结果整理

如图 6-2 所示，在项目的起始子过程中，主要是根据项目利益相关者对项目的要求和期望来确定第一优先要素目标，并且将其作为计划子过程的输入。而在计划子过程中则是根据第一优先要素目标的设置情况，确定四要素的优先性和可调整范围，并且在开展非优先要素目标的设置时，要充分考虑各要素的可调整范围和项目利益相关者对其的要求，并且将计划结果，即包括每个要素的优先顺序和可调整范围的要素状态 $v_n(P_n, d_n^{\pm})(n=1,2,3,4)$ 作为控制子过程的输入。在控制子过程中，则是依据计划子过程中的要素状态，对第一优先要素目标的状态 $(P_1, d_1^{\pm})$ 进行考察，如果发现第一优先目标的实现存在偏差，或者有导致偏差的因素存在，为了确保这一目标的实现，就要进入变更子过程。在变更子过程中存在两种情况：一种情况是在不改变另外三个要素优先顺序的情况下，利用各个要素的可调整范围来进行调整，以满足第一优先目标实现的需要；另一种情况是按照满足第一优先目标实现的需求，重新转入计划子过程，对另外三个要素的优先序列和可调整范围进行调整，形成新的计划。如果目前的另外三要素情况不能确保第一优先目标的实现，那么就要考虑结束当前计划的执行，对四要素的目标优先性和可调整范围进行重新设定。

在明确了管理本质和管理过程的内容后，以下将结合第四章中对管理技术和工具的讨论，分别对以项目质量、项目时间、项目成本和项目范围为第一优先要素的大型工程项目四要素集成管理方法和技术进行阐述。

第二节　质量优先的大型工程项目四要素集成管理方法

通过第五章对项目质量要素目标优先的大型工程四要素科学配置关系的分析可以看出，要依据这种关系开展集成管理，首先就是要最大程度地确保项目质量目标的实现，并且基于四要素中两两要素之间的客观关系、各要素的受约束情况以及对各要素目标的要求和期望情况，采用以两两集成和分步集成为原则的起始子过程、计划子过程、控制子过程、变更子过程等实现这种配制关系。其中，起始子过程作为确定四要素目标的过程，其主要内容是根据项目的实际情况和项目利益相关者的要求，除了确定项目的基本定位，还要从中确定具有第一优先性的项目要素目标，这一过程无论对于哪一种要素目标优先序列的情况都相同，因此对这一过程中的具体方法和技术的探讨将在后文中进行统一说明。

一、质量优先的大型工程项目四要素集成管理中的计划子过程

在采用目标导向项目规划方法从项目面对的问题分析开始来进行项目目标的确定和分解之后，便会产生关于大型工程项目在项目四要素中的目标，此时首先需要采用质量功能发展这一方法对项目质量的特性进行计划，并且提出包括具体的技术、质量标准等在内的项目质量要求。这些内容都是在项目起始阶段应当完成的，进而将项目对项目质量目标的要求作为输入来开展这种项目集成管理的计划子过程的工作。其具体步骤如图 6-3 所示。

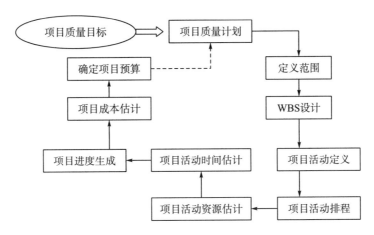

图 6-3　质量优先的大型工程四要素集成管理的计划子过程分析

资料来源：作者根据研究结果整理

如图 6-3 所示，在集成管理的计划子过程中，通过起始阶段对第一项目要素目标和项目质量目标进行确定，首先根据相关的质量要求开展质量计划，主要是开展包括项目质量管理计划、项目质量管理工作说明、项目质量衡量标准、项目质量和核检清单、项目过程改进计划、项目质量基线等成果在内的项目质量计划工作(戚安邦，2007)。根据项目质量计划的结果，对项目范围要素进行计划，其中包括对项目范围的定义和项目工作分解结构设计两方面的工作。由于此时是根据项目质量来确定项目工作分解结构，因此应当采用"功能导向"的项目工作分解结构来进行项目范围计划，即根据项目质量要求首先确定项目有哪些产出物，这些产出物在功能上必须与项目质量目标相一致，之后根据产出物逐层分解获得项目工作分解结构(WBS)。

如图 6-3 所示，在完成了 WBS 设计后，进入项目时间要素的计划过程，主要的步骤是根据 WBS 中最底层的项目活动设定情况来开展项目活动定义、项目活动排程、项目活动资源估计、项目活动时间估计和项目进度的生成。在这一过程中需要注意的是，一方面要为每一个项目活动设计控制账户，进行具有唯一性的编码；另一方面是要找出项目的关键路径(CPM)，关于如何更为科学地进行项目的排程，将在后文中进行说明。根据项目时间计划中的相关结果，接下来就是开展项目成本要素的计划，采用 ABC 法根据项目活动的资源情况进行逐级的项目成本估计、确定项目预算。最后根据项目产出物的预算和其功能的设置情况，通过价值工程确定各个产出物和活动的"性价比"，如此便完成了项目质量优先的大型工程四要素集成管理中的计划子过程。

二、质量优先的大型工程项目四要素集成管理中的控制子过程

在完成了上述的计划过程后，便形成了一整套能够以项目质量为第一优先项目要素目标的四要素集成管理计划。然而，由于项目在实施过程中会受到来自项目外部环境的影响，加之项目组织在对项目管理的过程当中存在很多不确定性，因此在计划过程之后的控制过程中，仍然要围绕确保质量目标的实现来开展控制过程中的工作，其具体过程如图 6-4 所示。

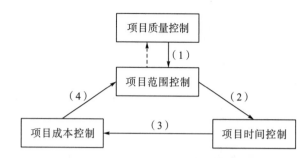

图 6-4 质量优先的大型工程四要素集成管理的控制子过程分析

资料来源：作者根据研究结果整理

如图 6-4 所示，在控制子过程中，首先应当根据项目质量计划中的成果，对在项目实施中存在的质量问题进行识别，进而开展项目质量成因分析，在通过运用"鱼刺图"等因果关系分析工具找出导致质量出现偏差的原因后，就应该根据计划中各要素的情况制定项目质量的纠偏和补救措施。首先对项目范围在执行中发生的偏差进行分析，进而再根据项目活动的唯一性编码找到相关的项目活动的项目时间和项目成本的执行情况。

与此同时，在制定项目质量的纠偏措施时，仍然要根据图 6-4 所示的过程来制定项目纠偏措施计划，充分考察原有计划对纠偏措施的支撑和满足情况，如果不能在既定的项目范围、项目成本和项目时间的可调整范围内来纠偏，那么就要考虑对这三要素进行变更。

三、质量优先的大型工程项目四要素集成管理中的变更子过程

为了确保项目质量目标的实现，如果在原有计划上不能达到这一目的，那么就要考虑对项目质量之外的三个要素进行变更，这里的变更主要是由于原计划中的这三个要素的可调整区间不能满足项目质量目标的实现或项目质量纠偏措施的实施。因此要对各个项目要素的可调整区间进行变化，或者在项目利益相关者允许的情况下重置项目质量目标，而这样就需要重新制定整套的四要素集成计划。图 6-5 是在项目质量目标不可变的情况下进行的变更过程示意图。

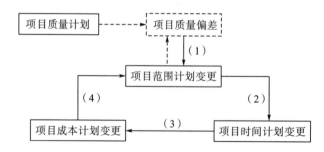

图 6-5 质量优先的大型工程四要素集成管理的变更子过程分析

资料来源：作者根据研究结果整理

如图 6-5 所示，以项目质量为第一优先要素目标时，变更子过程始于项目质量计划与项目质量偏差，也就是说，通过在控制阶段将项目质量计划的执行情况与计划相对比，发

现现有的项目其他三要素的可调整范围不能满足项目质量纠偏的需要,因此根据项目质量偏差存在的情况,逐次对原有项目范围计划、时间计划和成本计划进行修订,最终形成能够满足开展项目纠偏措施实施的新的项目四要素配置关系,而变更子过程中所采用的工具与计划子过程相同。

第三节　时间优先的大型工程项目四要素集成管理方法

第五章对时间优先情况下大型工程项目四要素科学配置关系进行了讨论,由于必须确保项目时间目标的实现,也就是说时间要素不具备可调整性,而其他要素则可以根据具体情况和要求进行调整,因此在开展这种项目四要素集成管理的五个管理子过程中都要确保时间目标的第一优先性,以下就将对其中各个管理子过程中的具体情况进行说明。

一、时间优先的大型工程项目四要素集成管理中的计划子过程

与以项目质量为第一优先要素目标的情况相比,以项目时间作为第一项目目标的情况主要是要充分利用其他三要素的可调整性来确保项目的按时交付,因此在进行项目计划时就应当充分考虑到这一点,使得制定的项目四要素计划能够满足项目时间目标的实现。在起始阶段的项目目标确定后,计划阶段的第一步就是将确定的时间目标(包括时期与时点)作为起点来开展项目范围定义的工作,其具体过程如图 6-6 所示。

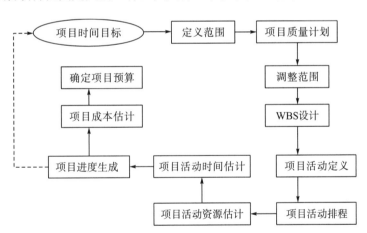

图 6-6　时间优先的大型工程四要素集成管理的计划子过程分析

资料来源:作者根据研究结果整理

如图 6-6 所示,在考虑了项目时间目标的情况后,定义范围这一步骤中的所有相关输出物,包括项目范围指标、项目可交付物的规定、项目条件和项目假定条件等文件(戚安邦,2007)都要对项目时间目标有所表现。在完成了定义范围的工作后转入项目质量计划,此时一方面要注意项目目标对项目质量的要求,另一方面要注意项目质量与项目时间目标的匹配关系,进而根据项目质量目标的要求对项目范围进行进一步调整。根据调整后的项

目范围，便可以采用从 WBS 设计到项目预算制定的过程来制定出能够确保项目时间要素目标实现的集成管理计划，此处就不再重述。值得注意的是，由于这种项目有严格的时间限制，因此在 WBS 设计时可以采用时间导向型的结构，即根据项目的阶段来划分项目产出物和项目活动。

二、时间优先的大型工程项目四要素集成管理中的控制子过程

对这种以项目时间作为第一优先目标的项目，控制过程的主要任务就是考察项目的时间进度如何，项目是否按照既定的时间完成了项目工作。因此，在进行具体的控制工作时，也应该通过一定的流程来实现这一目标，其具体流程如图 6-7 所示。

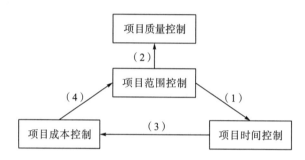

图 6-7 时间优先的大型工程四要素集成管理的控制子过程分析

资料来源：作者根据研究结果整理

如图 6-7 所示，首先就应该对项目时间进行控制，其主要内容是弄清在项目实施中，项目进度是否发生了拖延或提前，拖延和提前的程度如何等，进而将项目时间中发生的偏差分别与项目范围、项目质量、项目成本的偏差进行匹配，进而掌握整个项目的实际实施情况。除此而外，还应该关注项目时间发生的偏差究竟是在关键路径上的活动还是非关键路径上的活动，并以此制定纠偏措施。在制定出纠偏措施后，仍然要按照图 6-7 中的顺序分步考察既有的另外的项目三要素的可调整范围是否能够满足纠偏措施的实施，如果能够满足，就按照第五章中的相应部分找出新的配置关系，如果不能满足，就要进入变更过程。

三、时间优先的大型工程项目四要素集成管理中的变更子过程

为了确保项目时间目标的实现，即项目按照既定时间交付，如果按照原有计划已不能实现这一目的，那么就要考虑对除了项目时间之外的三个要素进行变更，而这种变更主要是由于现有的三个要素的可调整区间不能满足项目时间目标的实现或保证项目时间纠偏措施的开展。因此要对各个项目要素的可调整区间进行改变，或者在项目利益相关者允许的情况下调整项目时间目标。如果要调整项目时间目标，就需要重新制定整套四要素集成计划。图 6-8 是在项目时间目标不可变的情况下进行其他变更过程示意图。

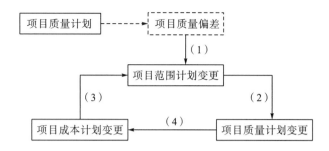

图 6-8　项目时间优先的大型工程四要素集成管理的变更子过程分析

资料来源：作者根据研究结果整理

如图 6-8 所示，通过控制过程了解到，如果按照既有计划已经不能满足项目时间目标的实现时，就应当根据项目时间偏差的情况对项目范围、项目质量、项目成本计划进行调整，并且在对它们进行调整的同时，一方面要注意这三个要素各自可调整区间的变化，另一方面要注意要素之间的客观关系，因此在开展这种情况的变更时，应该按照图 6-8 所示的步骤来完成。

第四节　成本优先的大型工程项目四要素集成管理方法

对于项目成本优先的大型工程来说，项目成本的限制就意味着项目质量、项目范围、项目时间目标的实现都必须受制于它，而这一特点必须落实在整个四要素集成管理过程中，以此来确保项目成本目标的实现，下面主要从项目计划子过程、控制子过程和变更子过程三个方面进行说明。

一、成本优先的大型工程项目四要素集成管理中的计划子过程

项目成本优先的大型工程四要素集成管理中的计划子过程主要是在起始阶段采用OOPP 方法确定项目四要素目标，并且确定项目成本的第一优先性后，按照其他三要素的情况来进行各个要素计划的制定，并且这些计划不但要满足项目成本的约束，同时也要注意四要素之间客观关系的实现。这种情况下的项目计划过程如图 6-9 所示。

如图 6-9 所示，在考虑了项目成本目标的情况后，在定义范围这一步骤中应该将项目成本的内容纳入其中，特别是对项目产出物范围的描述中应该对基本的成本有所表现。在完成了项目范围定义的工作后转入项目质量计划，此时一方面要注意项目目标对项目质量的要求，另一方面要注意项目质量与项目成本目标的匹配关系，特别是项目产出物总成本与项目质量中对功能的需求，进而根据项目质量目标的要求对项目范围定义进行进一步调整。根据调整后的项目范围定义便可以根据从 WBS 设计到项目预算制订相同的过程来制订能够确保项目成本不超支的集成管理计划，此处就不再重述。需要说明的是，在这种成本约束下，对 WBS 的设计要严格按照经过调整和优化后的项目产出物来进行项目活动的分解，并且在完成项目预算的制定后，还需要将其与项目成本目标相比较，考察所制定的项目预算是否满足项目成本的目标要求。

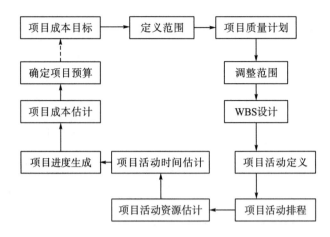

图 6-9　成本优先的大型工程四要素集成管理的计划子过程分析

资料来源：作者根据研究结果整理

二、成本优先的大型工程项目四要素集成管理中的控制子过程

在完成了上述计划子过程后，便可以形成一整套能够满足以项目质量为第一优先项目要素目标的四要素集成管理计划。然而，由于项目在实施过程中，涉及的资源价格会出现波动，加之项目在施工中会存在很多不确定性，因此在计划子过程之后的控制子过程中，仍然要围绕确保成本目标的实现来开展控制子过程中的工作，其具体过程如图 6-10 所示。

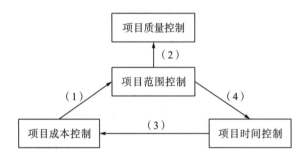

图 6-10　成本优先的大型工程四要素集成管理的控制子过程分析

资料来源：作者根据研究结果整理

在控制子过程中，首先应当根据项目预算，对在项目实施中存在成本偏差和造成成本偏差的成因进行分析，找出导致成本出现偏差的原因后，就应该根据计划中各要素的情况制定项目成本偏差的纠偏和补救措施，这就需要按照图 6-10 所示的步骤来开展控制。首先对项目范围在执行中发生的偏差进行分析，进而再根据项目活动的唯一性编码找到相关的项目活动的项目时间和项目质量的实现情况。与此同时，在制定项目成本的纠偏措施时仍然要根据图 6-10 所示的过程来制定项目纠偏措施计划，充分考察原有计划对纠偏措施的支撑和满足情况，如果不能在既定的项目范围、项目时间和项目质量的可调整范围内来纠偏，那么就要考虑对这三要素进行变更。

三、成本优先的大型工程项目四要素集成管理中的变更子过程

原则上项目成本不应超支,但如果在原有计划上不能达到这一目的,那么就要考虑对除了项目成本之外的三个要素进行变更,这里的变更主要是由于原计划中的这三个要素的可调整区间不能满足项目在项目预算内完工或项目成本纠偏措施的实施。因此,要对各个项目要素的可调整区间进行变化,或者在项目利益相关者允许的情况下增加项目成本,而这样就需要重新制定整套的四要素集成计划。图 6-11 是在项目预算不可增加的情况下变更其他过程的示意图。

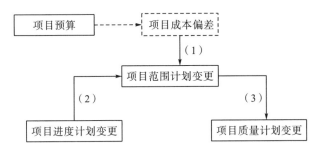

图 6-11　成本优先的大型工程四要素集成管理的变更子过程分析

资料来源:作者根据研究结果整理

如图 6-11 所示,以项目成本为第一优先要素目标时,变更子过程始于项目预算与实际支出的偏差,也就是说通过在控制阶段将项目成本计划的执行情况与计划相对比,发现现有的项目其他三要素的可调整范围不能满足项目成本偏差的纠偏需要,因此根据项目成本偏差存在的情况,根据图 6-11 中所示的步骤对原有的项目范围计划、时间计划和质量计划进行修订,最终形成能够满足开展项目纠偏措施实施的新的项目四要素配置关系,而变更子过程中所采用的工具与计划子过程相同。

第五节　范围优先的大型工程项目四要素集成管理方法

对于项目范围优先情况下的大型工程项目四要素集成管理来说,其目的主要是根据四要素之间存在的客观关系和项目利益相关者对项目各要素的要求,找出能够确保既定的项目工作和项目产出物都实现的项目四要素配置关系,并且按照这一关系通过计划、控制和变更几个步骤来对项目实施集成管理。

一、范围优先的大型工程项目四要素集成管理中的计划子过程

相比于其他三种项目要素目标优先序列的情况,以下分析的以项目范围作为第一项目目标的情况中,主要应确保项目利益相关者要求的项目产出物和项目工作的完成,而其他三要素则可以为了这一目标的实现有一定的可调整空间。因此,在进行项目计划时就应当充分考虑到这一点,使得制定的项目四要素计划能够满足项目范围目标的实现。通过在起

始阶段确定项目目标后，计划阶段的第一步就是将确定的范围目标(包括项目产出物与项目工作)作为起点来开展项目范围定义的工作，其具体过程如图 6-12 所示。

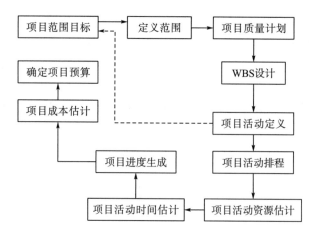

图 6-12   范围优先的大型工程四要素集成管理的计划子过程分析

资料来源：作者根据研究结果整理

如图 6-12 所示，在考虑了项目范围目标的情况后，就可以开展定义范围这一步骤了，而在完成了项目范围定义的工作后转入项目质量计划，此时一方面要注意项目目标对项目质量的要求，另一方面要注意项目质量与项目范围目标的匹配关系，进而根据项目质量目标中对项目基本功能的要求对项目范围进行进一步调整，其调整结果应该是能够满足项目基本质量需求从而能够满足项目范围目标的项目范围定义。然后进行 WBS 的构建和设计及项目活动的定义，在完成了项目活动的定义后，则要注意与项目范围目标相比较，看所做计划是否满足项目范围目标的要求。之后便可以按照图 6-3 中所示的步骤完成集成计划，此处不再赘述。

二、范围优先的大型工程项目四要素集成管理中的控制子过程

对于以项目范围为第一优先目标的项目来说，控制子过程的主要任务就是考察项目产出物和项目工作内容完成的情况，因此在进行具体的控制工作时应当首先对这两方面的情况进行分析和对比，图 6-13 是对这种项目中控制子过程内容的说明。

如图 6-13 所示，首先就应该对项目范围的实现情况根据计划子过程中的结果进行对比分析，其主要内容是弄清在项目实施中，项目范围计划内的项目产出物和项目工作是否都已按照既定内容得以完成，进而将项目范围中发生的偏差分步与项目时间、项目质量、项目成本的偏差进行匹配，进而掌握整个项目的实际实施情况。与此同时，还应该根据对另外三要素的影响情况来制定确保项目范围目标实现的纠偏措施，在纠偏措施制定时，应该充分考虑项目其他三要素的可调整范围，如果超出了它们在计划子过程中所设的调整范围，就需要开展变更，从而通过变更其他三个项目要素或调整原定的项目范围目标来重构项目四要素的科学配置关系。

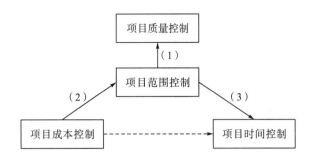

图 6-13　范围优先的大型工程四要素集成管理的控制子过程分析

资料来源：作者根据研究结果整理

三、范围优先的大型工程项目四要素集成管理中的变更子过程

为了确保项目范围目标的实现，即项目按照既定的项目工作内容进行和提供合格的项目产出物才能实现项目的按期完工，如果按照原有计划已不能实现这一目的，就要考虑对其余三个要素进行变更，而这种变更主要是由于现有的三个要素的可调整区间不能满足项目范围目标的实现或保证项目时间纠偏措施的开展。因此要对各个项目要素的可调整区间进行改变，或者在项目利益相关者允许的情况下调整项目时间目标。如果要调整项目时间目标，就需要重新制定整套的四要素集成计划，形成新的项目四要素配置关系。图 6-14 所示即在项目范围目标不可变的情况下变更其他要素的过程示意图。

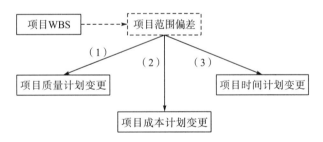

图 6-14　范围优先的大型工程四要素集成管理的变更子过程分析

资料来源：作者根据研究结果整理

如图 6-14 所示，通过控制子过程了解到按照既有计划已经不能满足项目范围目标的实现时，就应当根据项目范围偏差的情况对项目时间、项目质量、项目成本计划进行调整，并且在对它们进行调整的同时，一方面要注意对这三个要素各自可调整区间的变化，另一方面要注意要素之间的客观关系，因此在开展这种情况下的变更时，应该按照图 6-14 中所示的步骤来完成。

通过以上对四类不同第一优先要素目标的项目四要素集成管理技术的讨论可以看出，为了确保具有第一优先性的要素目标的实现，这种分步集成的技术都是从具有第一优先性的要素开始的，并且其中也考虑到了各个要素之间的相互制约和客观关系，从而产生了以上四种不同的集成技术。值得注意的是，以上这些过程都是对第五章中讨论的不同要素目标优先序列下项目四要素科学配置关系的落实过程，即通过集成管理过程中的起始子过程找出了项目四要素目标的情况，进而在计划子过程中通过上述的分步集成技术找出满足项目要素目标优先性的四要素配置关系，而在控制子过程时则是对找出的科学配置关系的实现进行监控，其中包括对各个单项要素目标的实现情况和要素间关系的维持情况两方面内容的监控，当发生偏差时则依然要根据各要素在配置关系中各自的情况，通过上述的分步集成来利用非第一优先要素的可调整性实现变更，最终确保项目目标的达成。

值得一提的是，虽然前文中对如何开展大型工程项目的四要素集成管理的管理过程和管理方法进行了具有针对性的讨论，但是要想有效地采用上述的管理过程和管理技术来开展这种项目的四要素集成管理，还要注意另外两方面的发展和完善，特别是对于工程量巨大、结构复杂性强和项目利益相关者众多的大型工程项目来说，拥有专业能力强的项目团队和功能强大的即时信息发布平台是十分重要的。

第七章　大型工程项目四要素集成管理能力研究

从前文的阐述不难看出，大型工程项目四要素集成管理的实施对项目的成功至关重要，但由于它是一项对相关管理原理和技术进行系统性、全面性和综合性理解和应用的工作，相较于单一要素的管理，它将对项目管理组织的能力提出更高的要求。因此，本章将对大型工程项目四要素集成管理能力的定义、构成维度、影响因素间的关系等进行研究，旨在探索这种能力内部结构的同时，为识别和评价工程项目管理者的四要素集成管理能力提供借鉴。

第一节　研究对象与研究过程

从研究现状来看，大多数关于项目要素集成管理的研究侧重于对管理模式、管理理念和管理技术的探讨，而较少综合考虑项目管理主体的四要素集成管理能力。但对于实际项目管理来说，项目管理能力的不足或缺陷却令先进管理办法和工具的应用成为空谈。那么什么是大型工程项目四要素集成管理能力？它由哪些能力构成呢？为了解答这些问题，本书将基于既有的关于项目管理能力的研究成果，在给出相关定义的基础上，通过调查问卷的方式展开研究。以下就对研究方法和研究过程进行介绍。

一、大型工程项目四要素集成管理能力的定义

目前，项目管理的研究与能力并没有一个统一的概念。国际项目管理协会（International Project Management Association，IPMA）把项目管理能力表述为"项目管理知识、项目管理素质、项目管理技能以及已经取得的项目管理相关成功经验的集合"。项目管理能力是一项综合性的评价指标，它是对项目管理人员个人能力和水平，管理团队的协作、沟通机制与能力，管理技术实施过程控制能力等多方面的综合反映。它是一种多维度、具有综合性的知识与技能的集合，是在对项目系统进行协调控制的过程中积累起来的，并且能够使项目系统达到最佳状态和实现目标，也就是说，只有全面提升项目管理能力，才能更好地确保项目目标的实现。

对于大型工程项目四要素集成管理来说，虽然很多学者分别从工程项目组织、信息处理、管理过程等角度提出了实施集成管理的要点及影响因素，并且证明了这些因素对工程项目的成功和集成管理的重要性，但是由于仅从其中一个方面来进行研究，造成所提出的研究结论只能作用于某一方面的管理活动，而并非是对集成管理能力的讨论。为此，作为对大型工程项目四要素集成管理能力的内涵和构成研究的前提，本书将首先对其定义和特点进行阐述。

本书研究认为：大型工程项目四要素集成管理能力是一种项目管理团队在开展项目四要素集成管理过程中积累起来的多维度，综合性的知识、技能、管理经验的集合。它具有四方面特点。

(1)层次性。对于任何一个项目管理团队来说，其管理能力的获得和提升都不是一蹴而就的，需要不断地学习、吸收和积累，大型工程项目四要素集成管理能力亦不例外。因此，这种能力具有层次性，是一个从不成熟迈向成熟的过程，当能力层次提高后，其管理效果和效率会得到明显的提升。需要注意的是，这种层次性并不是单向的，而是会随着组织内外环境的变动发生层次上的降低或提升。

(2)动态性。由于大型工程项目的管理团队会随着项目的推进而发生调整和变动，而每一个团队成员所具备的技能、知识和经验不同，因此在不同的项目阶段可能会呈现出管理能力的动态变化。另一方面，由于项目团队在沟通机制、管理技能获取、学习能力等方面会在项目过程中得到不断完善，因此这种集成管理能力会伴随着不同的项目阶段呈现不断提升的趋势，因此对于一个项目管理团队来说，其四要素集成管理能力将会由于项目的不同而呈现不同的层次。

(3)多维度。由于大型工程项目四要素集成管理涉及项目的各级组织以及很多项目管理技术，因此单一的管理能力无疑很难适应其管理要求，这种集成管理能力是多维度的。从管理活动的本质来看，信息是管理的基础，组织是管理的实施者，而过程是实现目标的路径，因此这种集成管理能力必须要覆盖对于这三者的管理。具体内容将在后文中进行讨论。

(4)相关性。大型工程项目四要素集成管理能力的相关性可分为内部相关性和外部相关性。其中，内部相关性是指构成这种能力的多个维度之间存在着相关关系，外部相关性则是指项目管理团队之外的环境也与集成管理能力的变动有着密不可分的关系，如信息管理技术的革新。鉴于篇幅，后文将着重对其内部相关性进行探讨，此处不再赘述。

二、研究过程与研究内容

为了揭示大型工程项目四要素集成管理能力的构成因素及其内部结构，本书将基于现有研究成果设计成相关量表，通过问卷调查的方式进行数据的收集，并基于此进行相关分析，具体研究过程和研究内容如下。

(一)研究过程

根据研究目的，本章研究过程分为两个阶段：问卷设计与发放阶段和数据分析阶段。其具体流程和研究工作如下。

1. 问卷设计与发放阶段

问卷设计与发放阶段主要完成的工作包括：确定调查问卷发放的项目和基本内容框架、文献搜集和分析(主要是寻找相关和类似的研究及其量表)、设定问卷具体内容及其问题的提出方式和设计调查问卷初稿、就问卷内容向专家和项目管理人员进行咨询并进一步完善问卷、对修改后的问卷测试稿进行小范围测试、调整问卷并确定调查问卷发放稿及发放方式。根据上述调查问卷设计中积累的反馈意见和调查问卷的内容，确定该研究的调查问卷终稿以及发放方式：本书的问卷发放方式主要是以电子邮件的形式通过网络发放。

2. 数据分析阶段

在对调查问卷所收集的数据进行分析的过程中，主要应用 Microsoft Excel 2007 和 SPSS 19.0 统计分析软件，对所提出的假设进行检验，具体工作包括：问卷整理并剔除无效问卷、问卷数据原始数据收集、描述性统计分析、因子分析、相关性分析。

(二)研究内容

在对大型工程项目四要素集成管理能力进行研究的过程中，主要开展了以下四方面的研究。

(1)描述性统计分析。描述性统计分析主要是通过应用软件对经过问卷调查所获得的样本数据进行初步分析，主要对包括频次和频率在内的数据集合的基本结构特征进行分析，重点在于直观地表达样本数据所反映的部分基本信息，如问卷填写人所在项目的基本信息。

(2)信度分析。对调查问卷所获得的数据进行信度分析的主要目的在于对数据的内部一致性和稳定性进行检验，考察数据是否与研究的需要相匹配，同时可以说明研究结论的可靠性。本书将在开展因子分析前对关于这种项目集成管理中的过程管理能力、组织管理能力和信息管理能力的影响因素的调查问卷数据进行信度分析，以确保后续分析结果的可靠性。

(3)因子分析。开展因子分析的主要目的在于通过对初始变量进行综合评价，进行分类，以实现对变量的浓缩和提炼，也就是通过对多变量的相关性进行分析，将原有的众多具体变量综合为几个具有较强解释力的因子，这些因子将包括原始的变量，从而更为清晰地说明对研究对象产生影响的变量的分类及其影响情况。本书将通过因子分析对关于这种项目集成管理中过程管理能力、组织管理能力和信息管理能力的影响因素进行分析。

(4)相关性分析。基于因子分析的结果，进一步采用相关分析方法来对本书所提的各项假设进行验证，这其中不但包括对其相关情况的分析，也包括对相关程度的分析。本书将在因子分析的基础上对这种项目集成管理中的过程管理能力、组织管理能力和信息管理能力三方面的相关性进行分析，从而说明三者的关联方式和关联强度，以及过程管理的核心性。

三、调查问卷的构成与样本基本信息

通过上述研究过程，调查问卷内容及收集到的样本的基本信息如下。

(一)调查问卷内容

根据研究目的，调查问卷内容主要由两部分组成(附录)，各部分的基本内容如下。

(1)项目基本信息。这一部分主要是对问卷填写人所在的项目类型、项目的投资总额、项目业主和项目建设周期四方面的情况进行调查，并且均是单项选择题。

(2)项目四要素集成管理的影响因素。该部分的主要内容是对实施项目集成管理中的项目组织管理能力、项目过程管理能力、项目信息管理能力和项目目标实现情况进行调查，通过采用量表的形式对各个影响因素的影响程度进行打分，从而为进一步开展项目集成管理与三方面管理能力的关系分析提供基础数据。

(二)样本基本信息

通过电子邮件的形式共计发放问卷 200 份，其区域涉及天津、北京、山东、黑龙江、湖北、安徽和云南等地。最终共回收问卷 164 份，去除回答不完整、回答形式与要求不符等不合格问卷 6 份，最终获得有效问卷 158 份，问卷回收率为 82%，有效问卷比例为 79%。以下就对基于回收的有效问卷开展分析。

为了对调查对象基本信息进行了解，问卷的第一部分首先就对项目基本信息进行了考察，其中主要涉及项目类型、项目投资规模、项目业主和项目建设周期四方面内容。

1. 样本的项目类型分布

在 158 个样本中，按照项目类型分，工业/民用建筑类项目所占比例最大，共有 30 个，其比例达到 18.99%，其中主要涉及居民住房、工业园区等建设工程；其次是轻轨/地铁项目，其所占比例为 17.09%(27 个)；城市道路项目数量占比位列第三，为 16.46%(26 个)。其他样本的项目类型分布情况如图 7-1 所示。

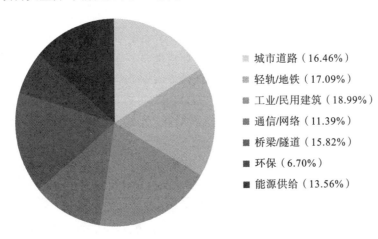

图 7-1　研究样本的项目类型分布比例示意图

资料来源：作者根据问卷数据分析结果整理

2. 样本的投资规模分布

在 158 个样本中，按照项目投资规模分(按人民币计算)：项目投资规模为 5 千万(含)～1 亿元(不含)的项目有 17 个，占总样本数的 10.76%；投资规模为 1 亿(含)～1.5 亿元(不含)的项目有 39 个，占总样本数的 24.68%；所占比例最多的是投资规模为 1.5 亿(含)～2 亿元(不含)的项目，占总样本数的 30.38%；而投资规模在 2 亿元以上的项目共计占总样本数的 34.18%，其中 2 亿(含)～2.5 亿元(不含)的项目有 19 个(占比为 12.03%)，2.5 亿元(含)以上的项目占总样本的比例为 22.15%。研究样本项目的投资规模分布如图 7-2 所示。

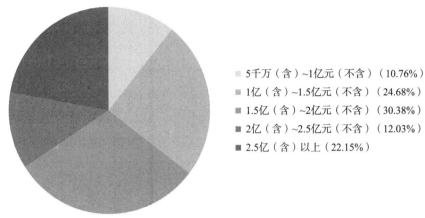

图 7-2　研究样本的项目投资规模分布比例示意图

资料来源：作者根据问卷数据分析结果整理

3. 样本的项目业主分布

在 158 个样本中，按照项目业主类型来分，政府部门的项目所占比例最大，而公共机构的项目最少，其中有 45 个项目的项目业主都为政府部门，而占总样本数 27.22% 的项目业主为国有企业，项目业主为私营公司/企业和公共机构的样本项目数量分别为 42 个和 28 个，所占比例分别为 26.58% 和 17.72%。研究样本的项目业主分布情况如图 7-3 所示。

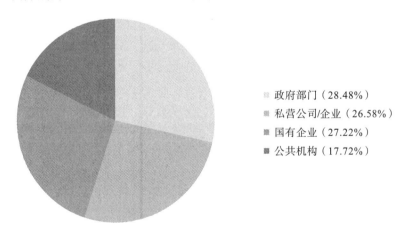

图 7-3　研究样本的项目业主分布比例示意图

资料来源：作者根据问卷数据分析结果整理

4. 样本的项目建设周期长度分布

从 158 个样本的项目建设周期来看，大多数的项目周期为 1～3 年，其比例占样本总数的 62.66%；其次是建设周期为 3～6 年的，在 158 个有效样本中有 33 个项目，占样本总数的 20.89%；而建设周期在 1 年以下和 6～8 年的项目占比分别为 10.13% 和 6.33%。研究样本的项目建设周期分布情况如图 7-4 所示。

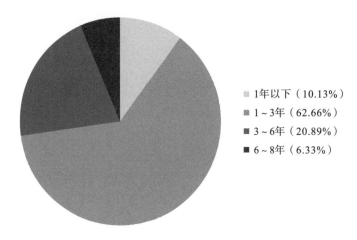

图 7-4　研究样本的项目建设周期分布比例示意图

资料来源：作者根据问卷数据分析结果整理

从样本基本信息分析来看，研究样本在项目类型、项目投资规模、项目业主和项目建设周期几方面具有较强的多样性，覆盖面较广，这为进一步分析普遍性和综合性奠定了良好基础。

第二节　大型工程项目四要素集成管理能力的构成

为了探索大型工程项目四要素集成管理能力的构成，本书结合既有研究成果，将这种能力分为过程管理能力、信息管理能力和组织管理能力三个维度，并在此基础上开展各个维度构成因素的研究。之所以如此划分，是因为从前几章的研究结果不难看出，要素科学配置关系构建和集成管理需要以科学的管理过程为实现手段、以强有力的组织协调和沟通管理为保障、以扎实的信息收集和管理为支撑。

在开展分析之前，首先对本书所采用的相关数据处理方法进行简要说明。信度分析（reliability analysis）是一种综合度量、评价体系中的数据和结论是否具有一定的稳定性或一致性的分析，而非针对量表和调查本身。对于衡量同一概念或变量下各测量题项的内部一致性，通常采用 Cronbach'α 系数来进行判断，系数越大，表明可信程度越高。一般认为，当 Cronbach's α 大于 0.7 时，表明测量具有较高信度，为 0.8～0.98 时表示信度非常好，为 0.7～0.8 时表示信度相当好，而在 0.65～0.7 时为一般水平，在 0.6～0.65 时就为信度偏低，但还能接受，但当 Cronbach's α 小于 0.35 时就表示信度非常低，应予以拒绝。本书选择 0.7 作为判别测量信度的标准（马庆国，2005）。

通过运用 SPSS 19.0 统计分析软件计算出的项目过程管理能力影响因素、项目组织管理能力影响因素、项目信息管理能力影响因素的 Cronbach'α 统计结果如表 7-1 所示。

表 7-1　问卷所设变量 Cronbach's α 信度系数检验表

变量	Cronbach's α
项目过程管理能力影响因素	0.819
项目组织管理能力影响因素	0.798
项目信息管理能力影响因素	0.749

资料来源：作者根据问卷数据分析结果整理。

如表 7-1 所示，调查问卷四个变量的信度系数均超过了 0.7 的标准，说明本书分析所使用的数据具有很好的内部一致性，并且采用这些数据进行分析所得的结果也将具有可靠性。

除了开展信度的测量外，数据的效度测量也是开展数据分析的必要内容。效度的测量包括内容效度测量和构念效度测量两个方面。由于本书对相关影响因素进行调查所用的问题均来自国内外文献的研究结果，并且通过调查问卷的预测试，又对其中的部分问题按照专家的意见进行了修改，因此在内容效度方面有了一定的保障。而对于构念效度来说，Hinkin 等（1998）认为可以采用因子分析来测试量表的构念效度。

因子分析作为多元统计分析的一个分支，其主要目的在于通过对原始变量进行综合评价，对数据进行浓缩和提炼，即通过对多变量的相关性进行研究，实现用少数几个变量来解释原有变量的信息，以体现原始变量与所提取的因子之间的关系。在开展因子分析时，要将多数变量综合为少数几个指标，即因子虽然在个数上少于原始变量的数量，但却能够反映其中的大部分信息，这对于问题的深入分析有重要意义，同时在因子之间将不存在显著的线性关系（张红兵　等，2007）。在进行因子分析时，其中的因子载荷表示测量内容与概念所提取的主成分之间的相关度，载荷量越大，则相关程度越高，表示其构念效度越高。在因子分析中，所谓的公共因子就是那些不能直接观测但客观存在的对变量有共同影响的因素，也就是说测量中的每一个变量都可以用特殊因子和公共因子的线性函数之和来表示，因此在进行因子分析之前必须对各变量进行相关性检验。进行因子分析之前的相关性检验常用方法是 KMO（Kaiser-Meyer-Olkin）样本测量，如果 KMO 大于 0.5 才可以进行因子分析，如果 KMO 超过 0.9，则表示特别适合进行因子分析，KMO 为 0.8～0.9 则表示很适合进行因子分析，当 KMO 为 0.7～0.8 时，则表示比较适合进行因子分析。如果 KMO 小于 0.5，则不适宜进行因子分析。另外，除了 KMO 方法外，Bartlett's 球形检验也是判断变量是否适宜进行因子分析的常用方法，它主要是通过以变量相关系数矩阵为初始点进行检验，并且在检验时需要有零假设。其中，该检验所得的检验值越大，即卡方近似值越大，表示越适宜开展因子分析（马庆国，2005）。

一、项目过程管理能力

作为大型工程项目四要素集成管理的组成维度之一，项目过程管理能力是指为了构建项目四要素科学配置关系、实现集成管理并达成项目目标，项目管理团队所具备的与管理工作及任务相关的知识、技能和经验。以下就将对相应的测度量表和分析过程进行阐述。

(一)项目过程管理能力变量的测度量表

对于项目过程管理能力,本书在综合现有文献研究结果后发现,其研究结果基本集中在项目过程管理中阶段之间的衔接、对各个项目阶段进行统一管理,以及对各个项目管理阶段的影响因素和管理方法的研究上。Collerette 等(2003)认为对项目阶段和过程的集成管理是实现项目集成管理的标志,并且集成管理中所体现出的组织能力则是对项目管理团队能力的很好说明。Schuler 等(2001)的观点认为,项目集成管理过程事实上是对项目变更过程的管理,而其中最大的问题就是要素间转换带来的巨大挑战。Meckl(2004)认为,为了成功地实现项目集成管理,最终实现项目的目标,对于项目过程的管理应该着重开展基于活动或工作的管理,并且对影响这些活动和工作的外部因素进行关注。

Kim 等(2003)在对项目挣值管理方法实施的影响因素开展的研究中提出,作为一项能够对项目成本和项目时间开展集成管理的方法,它的实施过程必须要与项目过程相互匹配,并且这其中要对项目时间、项目成本和项目范围要素的计划和跟踪加以重视,这就要求要有一系列的方法和工具加以支撑。Irfan 等(2011)则专门开展了针对项目计划阶段影响因素的研究,他们认为对于项目计划阶段的管理工作,其重点在于对项目延续时间和项目成本的估计,而这种估计的质量将会对整个项目的进展有着至关重要的影响,这种影响并不仅限于一种数字的呈现,更多地则会对整个项目团队的工作有着导向性和潜移默化的影响。Kog 等(1999)通过对前人研究成果的分析和总结,将影响项目计划的要素总结为 27条和四大类,其中包括项目管理者、项目团队、项目计划方法与手段、对项目计划工作的控制情况。Moussourakis 等(2004)则指出,在进行项目计划时,应该关注项目活动的设计,考察这些活动的必要性和连续性,并且对它们的成本和功能、成本和进度的平衡问题进行充分考虑。Chan 等(1997)认为项目的变更是每个项目都必然会经历的过程,对项目变更的管理不但是项目团队内部的工作,同时也要注意与项目外部相联系,这就需要具有灵活性和科学性的管理方法和技术。通过对以上文献和研究的相关内容进行提炼和总结,本书从中提取了 10 个测度指标,其具体内容如表 7-2 所示。另外,为了便于识别和后续数据处理,本书在研究过程中为所选的每一个指标都进行了唯一性的编号,其中 OM 表示项目组织管理能力,PM 表示项目过程管理能力的测度指标,IM 表示项目信息管理能力。

表 7-2　项目过程管理能力的测度指标

指标编号	测度指标	测度指标的来源
PM-1	对项目实施中偏差的快速响应能力	
PM-2	有效的变更管理方法和技术的使用	
PM-3	对项目目标变更后的系统适应能力	Chan 等(1997), Kog 等(1999),
PM-4	对项目计划实施情况的及时监督和反馈	Kim 等(2003),
PM-5	起始阶段清晰的项目目标表达	Moussourakis 等(2004), Irfan 等(2011)
PM-6	明确的项目范围计划颁布	
PM-7	有效的项目控制机制建立	
PM-8	切实可行的项目进展(时间、成本)部署	

续表

指标编号	测度指标	测度指标的来源
PM-9	可度量的项目质量标准颁布	
PM-10	项目计划方法的可操作性	

资料来源：作者根据文献研究整理。

（二）过程管理能力影响因素的因子分析

基于调查问卷所收集的数据，以下将按步骤对项目过程管理能力影响因素的因子分析结果进行说明。

1. 项目过程管理能力影响因素的 KMO 和 Bartlett's 球形检验

如表 7-3 所示，通过对项目过程管理能力影响因素所设测度指标进行 KMO 和 Bartlett's 球形检验，其 KMO 为 0.872，符合大于 0.7 的标准；而 Bartlett's 球形检验中，其相伴概率 P 为 0.000，小于 0.05，即零假设被拒绝，适合进行因子分析。

表 7-3 项目过程管理能力影响因素因子分析的 KMO 和 Bartlett's 球形检验结果

	检验方法	检验结果
KMO	—	0.872
Bartlett's 球形检验	近似卡方值	443.120
	自由度（df）	45
	相伴概率值（Sig.）	0.000

资料来源：作者根据问卷数据分析结果整理。

2. 项目过程管理能力影响因素因子分析中的总方差分解

如表 7-4 所示，在项目过程管理能力中所设的测度指标进行总方差分解时，10 个因子中有 3 个因子的特征根符合大于 1 的标准，其中第一个因子的特征值为 2.996，表明其解释了 10 个初始变量总方差的 29.957%；位于第二的因子特征根值为 1.904，解释了 10 个初始变量总方差的 19.042%；第三因子的特征值为 1.366，占 10 个初始变量总方差的 13.658%。三个因子的累计方差贡献率为 62.657%，也就是说这三个因子能够对 10 个变量 62.657% 的信息进行解释。

表 7-4 项目过程管理能力影响因素因子分析总方差分解分析表

因子	初始特征值			提取平方和载入			旋转平方和载入		
	特征值	方差贡献率/%	累计方差贡献率/%	特征值	方差贡献率/%	累计方差贡献率/%	特征值	方差贡献率/%	累计方差贡献率/%
1	2.996	29.957	29.957	2.484	24.843	24.843	2.193	21.926	21.926
2	1.904	19.042	48.999	1.447	14.466	39.308	1.508	15.083	37.009
3	1.366	13.658	62.657	0.815	8.151	47.459	1.045	10.450	47.459
4	0.900	9.000	71.656	—	—	—	—	—	—

因子	初始特征值			提取平方和载入			旋转平方和载入		
	特征值	方差贡献率/%	累计方差贡献率/%	特征值	方差贡献率/%	累计方差贡献率/%	特征值	方差贡献率/%	累计方差贡献率/%
5	0.819	8.187	79.843	—	—	—	—	—	—
6	0.506	5.055	84.899	—	—	—	—	—	—
7	0.465	4.652	89.550	—	—	—	—	—	—
8	0.426	4.256	93.806	—	—	—	—	—	—
9	0.318	3.184	96.990	—	—	—	—	—	—
10	0.301	3.010	100.000	—	—	—	—	—	—

注：提取方法为主轴因子分解。

资料来源：作者根据问卷数据分析结果整理。

如表 7-4 所示，有三个因子被提取，其累计方差贡献率为 47.459%，比初始解的前三个变量小，但经过旋转后因子重新给各个因子分配解释初始变量的方差，使得因子的方差更易于对变量进行解释和命名。从方差和结果来看，项目过程管理能力影响因素将被分为三个因子，即三类影响因素。

3. 项目过程管理能力影响因素因子分析旋转前的因子载荷矩阵

如表 7-5 所示的旋转前的因子载荷矩阵，大部分测度指标在因子 1 上的载荷最大，这说明因子 1 解释了大部分的测度指标的信息，而其他两个因子只与少数初始变量相关，由于未经旋转的因子含义较难清晰地解释，因此以下将对矩阵进行旋转，以对因子的含义进行更清楚的解释。

表 7-5　项目过程管理能力影响因素旋转前的因子载荷矩阵分析表

测度指标	因子		
	1	2	3
对项目实施中偏差的快速响应能力	0.413	0.472	-0.195
有效的变更管理方法和技术的使用	0.341	0.631	-0.320
对项目目标变更后的系统适应能力	0.551	0.140	-0.383
对项目计划实施情况的及时监督和反馈	-0.009	0.372	0.538
起始阶段清晰的项目目标表达	0.596	-0.250	0.085
明确的项目范围计划颁布	0.543	-0.179	0.202
有效的项目控制机制建立	0.284	0.475	0.367
切实可行的项目进展(时间、成本)部署	0.485	-0.014	0.205
可度量的项目质量标准颁布	0.612	-0.588	-0.058
项目计划方法的可操作性	0.745	-0.008	0.103

注：提取方法为主轴因子分解。

资料来源：作者根据问卷数据分析结果整理。

与项目组织管理能力影响因素的因子分析结果相同，根据表 7-5 中的信息和数据可以写出项目过程管理影响因素各测度指标的因子分析模型，如明确的项目范围计划颁布=$0.543f_1-0.179f_2+0.204f_3$。

4. 项目过程管理能力影响因素因子分析的旋转后的因子载荷矩阵

经过旋转后的项目过程管理能力影响因素因子载荷矩阵如表 7-6 所示，其中给出了每一个测度指标在三个因子上的载荷。从因子 1 各测度指标情况来看，主要是与项目计划子过程管理有关，因此可以将其命名为"项目计划子过程管理能力"。因子 2 所涉及的测度指标主要是与开展项目变更有关，将其命名为"项目变更子过程管理能力"。而因子 3 中的各测度指标主要与项目控制子过程的工作相关，所以将其命名为"项目控制子过程管理能力"。

表 7-6　项目过程管理能力影响因素因子分析旋转后的因子载荷矩阵分析表

测度指标	因子		
	1	2	3
对项目实施中偏差的快速响应能力	0.111	0.630	0.149
有效的变更管理方法和技术的使用	-0.051	0.771	0.140
对项目目标变更后的系统适应能力	0.324	0.573	-0.192
对项目计划实施情况的及时监督和反馈	-0.029	-0.043	0.652
起始阶段清晰的项目目标表达	0.646	0.074	-0.047
明确的项目范围计划颁布	0.599	0.033	0.086
有效的项目控制机制建立	0.139	0.264	0.593
切实可行的项目进展(时间、成本)部署	0.480	0.116	0.184
可度量的项目质量标准颁布	0.766	-0.071	-0.362
项目计划方法的可操作性	0.678	0.303	0.121

注：提取方法为主轴因子分解。
资料来源：作者根据问卷数据分析结果整理。

从表 7-6 中所示的旋转后的因子载荷矩阵可知，"项目计划过程管理能力"在因子 1 上的载荷较大，而"项目控制过程管理能力"和"项目变更过程管理能力"分别在因子 2 和因子 3 上的载荷较大。因此，因子 1、因子 2 和因子 3 分别主要解释了和项目计划子过程、项目变更子过程和项目控制子过程的有关内容，其具体所含内容如表 7-7 所示。

5. 项目过程管理能力影响因素信度系数检验

在通过对项目过程管理能力影响因素旋转后的因子载荷矩阵进行分析后，还需要对新生成的因子分析结果进行信度系数的检验，其检验结果如表 7-7 所示。

从表 7-7 所示的结果来看，三个因子的信度系数都满足标准的要求，说明以上研究所用的数据具有稳定性和内部一致性，基于此，对于项目过程管理能力影响因素进行分析后的相关结果具有可靠性。

表 7-7　项目过程管理能力影响因素因子分析信度系数检验结果

能力类别	所含指标	Cronbach's α
项目计划子过程管理能力	起始阶段清晰的项目目标表达、明确的项目范围边界界定、切实可行的项目进展(时间、成本)部署、可度量的项目质量标准颁布、项目计划方法的可操作性	0.754
项目控制子过程管理能力	对项目计划实施情况的及时监督和反馈、有效的项目控制机制建立	0.867
项目变更子过程管理能力	对项目实施中偏差的快速响应能力、有效的变更管理方法、对项目目标变更后的系统适应能力	0.789
	总计	0.812

资料来源：作者根据问卷数据分析结果整理。

从以上分析可以看出，在开展这种项目的四要素集成管理过程中，项目计划子过程管理能力、项目控制子过程管理能力、项目变更子过程管理能力是开展管理的关键能力，也就是说，这三方面管理工作的开展情况将决定集成管理的整体实施情况。

二、项目组织管理能力

本书研究认为，项目组织管理能力是指为了构建项目四要素科学配置关系、实现集成管理并达成项目目标，项目管理团队所具备的与管理主体相关的知识、技能和经验。以下就将对相应的测度量表和分析过程进行阐述。

(一)项目组织管理能力变量的测度量表

通过对现有文献的研究，对项目组织和项目团队管理方面的研究大多是从组织结构、项目团队成员的个人能力和项目管理者方面来开展的。本书在选择项目组织管理测度指标时，主要是通过对相关文献的研究结果和测度内容的对比，从中选取一些具有较好效度的指标。

在对项目组织和团队与项目集成管理之间关系的研究方面，主要是从人员的日常管理、个人能力和项目管理人员方面开展了较多研究。Cartwright(2005)认为人力资源因素是项目集成管理中的重要影响因素，并且对项目人员进行激励是实现成功集成的关键所在。

Ashkenas 等(2000)的研究中就对开展项目集成管理中项目管理者的能力、角色和职能进行了讨论，认为作为一个实施项目集成管理的项目管理者来说，他的使命就在于在整个项目过程中促进项目在各个层次的融合，其中包括很多工作，如为了让项目的集成目标得以实现，对项目团队成员进行指导等，而项目管理者的参与和个人能力将对集成管理中的沟通和成员积极性产生影响。

Jang 等(1998)以及 Ashkenas 等(1998)在其研究中，则从项目团队人员的个人技能、知识水平和在工作中的合作情况对项目成功影响的情况进行了分析，认为项目管理人员对信息和技术的综合运用能力、沟通的质量和个人工作的独立性都将是成功实施项目集成管理的必要能力。Bredin(2008)则是对项目团队成员个人能力与项目组织的职能、战略和项目三方面的关系相联系，强调了在这方面个人能力起到的作用。基于以上所述的对相关文献的分析，本书从中选取了 9 个测度指标，具体内容如表 7-8 所示。

表 7-8　项目组织管理能力的测度指标

指标编号	测度指标	测度指标的来源
OM-1	相关人员的专业知识水平	
OM-2	项目实施人员的独立工作能力	
OM-3	高层管理者的参与积极性	
OM-4	灵活的组织结构	Jang 等（1998），Ashkenas 等（1998），Cartwright（2005），Ashkenas 等（2000），Bredin（2008）
OM-5	对项目团队成员进行经常性的培训	
OM-6	团队冲突的化解能力	
OM-7	团队成员的应变能力	
OM-8	项目经理的领导力	
OM-9	团队成员的协作意识	

资料来源：作者根据文献整理。

（二）项目组织管理能力影响因素的因子分析

为了开展项目组织管理能力影响因素的因子分析，按照上述方法，首先应该开展 KMO 和 Bartlett's 球形检验，以对是否适合开展因子分析进行判断。

1. 项目组织管理能力影响因素的 KMO 和 Bartlett's 球形检验

项目组织管理能力影响因素的 KMO 和 Bartlett's 球形检验如表 7-9 所示，从检验结果可以看出，KMO 为 0.861，根据以上所设定的标准（KMO>0.7）判断，原变量适合进行因子分析，也就是说本书所采用的项目目标影响因素中的各变量（问题项）适合进行因子分析。而在 Bartlett's 球形检验中，其相伴概率 P 为 0.000，小于 0.05，即零假设被拒绝，适合进行因子分析。

表 7-9　项目组织管理能力影响因素 KMO 和 Bartlett's 球形检验结果

检验方法		检验结果
KMO	—	0.861
Bartlett's 球形检验	近似卡方值	461.493
	自由度（df）	36
	相伴概率值（Sig.）	0.000

资料来源：作者根据问卷数据分析结果整理。

2. 项目组织管理能力影响因素因子分析中的总方差分解

基于如表 7-9 所示的 KMO 和 Bartlett's 球形检验结果，便可进行因子分析。如表 7-10 所示的总方差分解主要包括初始因子特征值、提取因子解的方差和旋转后因子解的方差解释三部分。其中，第一部分的第一列给出了表示原始数据的相关系数矩阵的特征根的值，第二列方差贡献率为所占总体方差的比例，第三列累计方差贡献率表示所占方差的累计比例，而其中特征值大于1的因子将被提取。第二部分是提取平方和载荷，它描述的是经过提取后的因子对变量总方差的解释。第三部分的旋转平方和载荷则是对经过旋转后的因子进行说明，其结果即是因子分子的最终解。对于开展因子的旋转变换，是因为虽然通过提取的方法得到的结果确保了因子之间的非相关性，但是这样得到的因子其解释较为困难，而通过旋转，可以使得经过提取后得出的公共因子载荷更接近1或0，这将更便于开展因子对变量的解释和分析(张红兵 等，2007)。

表 7-10 项目组织管理能力影响因素因子分析总方差分解分析表

因子	初始特征值			提取平方和载荷			旋转平方和载荷		
	特征值	方差贡献率/%	累计方差贡献率/%	特征值	方差贡献率/%	累计方差贡献率/%	特征值	方差贡献率/%	累计方差贡献率/%
1	2.955	32.834	32.834	2.532	28.131	28.131	2.401	26.681	26.681
2	1.964	21.825	54.660	1.540	17.106	45.237	1.353	15.028	41.709
3	1.188	13.198	67.858	0.729	8.095	53.332	1.046	11.623	53.332
4	0.758	8.423	76.281	—	—	—	—	—	—
5	0.730	8.106	84.386	—	—	—	—	—	—
6	0.497	5.527	89.914	—	—	—	—	—	—
7	0.375	4.168	94.081	—	—	—	—	—	—
8	0.309	3.439	97.520	—	—	—	—	—	—
9	0.223	2.480	100.000	—	—	—	—	—	—

注：提取方法为主轴因子分解。
资料来源：作者根据问卷数据分析结果整理。

如表 7-10 所示，9 个因子中只有前三个因子的特征根符合标准，即特征根大于 1，第一个因子的特征值为 2.955，解释了 9 个初始变量总方差的 32.834%；位于第二的因子特征根值为 1.964，解释了 9 个初始变量总方差的 21.825%；第三因子的特征值为 1.188，占 9 个初始变量总方差的 13.198%。三个因子的累积方差贡献率为 67.857%，也就是说这三个因子能够对 9 个变量 67.857%的信息进行解释。

3. 项目组织管理能力影响因素旋转前的因子载荷矩阵

根据 SPSS 19.0 统计分析软件处理，表 7-11 是进行旋转前的因子载荷矩阵。其中，因子的载荷表示因子对初始变量的解释程度，载荷越大的因子，说明对变量含义解释的能力越强。表 7-11 中给出的是旋转前的因子载荷矩阵，即每一个变量被三个因子解释的情况。

如表 7-11 中所示，其中有 5 个变量在第一个因子上的载荷最高，最大的载荷值为 0.748。有三个变量在第二个因子上的载荷最高，而仅有一个变量在第三个因子的载荷最高，这表示第三个因子对原始变量的解释效果不如第一个和第二个因子。但是只了解变量与因子载荷的关系还不足以对各个因子的含义进行清楚解释，因此要进行旋转处理。而表 7-11 中所示的载荷矩阵由于可以对每个因子的变量有解释能力，或者说是每个因子所包含的初始变量的信息，所以可以根据表写出因子分析模型。例如，高层管理者的参

与积极性 $= 0.012f_1+0.427f_2+0.171f_3$。

表 7-11　项目组织管理能力影响因素因子分析旋转前的因子载荷矩阵分析表

测度指标	因子		
	1	2	3
相关人员的专业知识水平	0.661	-0.027	-0.164
项目实施人员的独立工作能力	0.632	-0.031	0.032
高层管理者的参与积极性	0.012	0.427	0.171
灵活的组织结构	0.305	0.765	-0.308
对项目团队成员进行经常性的培训	0.702	-0.411	0.147
团队冲突的化解能力	0.383	0.427	-0.346
团队成员的应变能力	0.623	-0.452	-0.158
项目经理的领导力	0.127	0.416	0.557
团队成员的协作意识	0.748	0.203	0.317

注：提取方法为主轴因子分解。
资料来源：作者根据问卷数据分析结果整理。

4. 项目组织管理能力影响因素旋转后的因子载荷

旋转后的因子载荷矩阵将以不同形式给出每个变量在三个因子上的载荷情况，如表 7-12 所示。

表 7-12　项目组织管理能力影响因素因子分析旋转后的因子载荷矩阵分析表

测度指标	因子		
	1	2	3
相关人员的专业知识水平	0.610	0.295	-0.063
项目实施人员的独立工作能力	0.605	0.165	0.085
高层管理者的参与积极性	-0.114	0.212	0.393
灵活的组织结构	-0.002	0.843	0.251
对项目团队成员进行经常性的培训	0.810	-0.158	-0.042
团队冲突的化解能力	0.180	0.645	0.029
团队成员的应变能力	0.718	-0.031	-0.317
项目经理的领导力	0.038	0.010	0.706
团队成员的协作意识	0.666	0.202	0.465

注：提取方法为主轴因子分解。
资料来源：作者根据问卷数据分析结果整理。

如表 7-12 所示，经过旋转后的因子载荷矩阵给出了一个由三个因子来解释变量的结果，其中第一个因子中所含的测度指标普遍与项目团队成员的知识水平和工作有关，因此将其重新命名为"项目团队成员个人能力";而第二个因子中所含的测度指标主要和项目团队有关,因此将其命名为"项目团队能力";而第三个因子则主要涉及项目领导方面的内容,因此将其命名为"项目领导个人能力"。基于数据分析的结果可以看出,9 个测度指标构成了 3 个因子。

5. 项目组织管理能力影响因素信度系数检验

基于以上的分析结果,将对重新命名的三类能力的信度系数进行检验,其检验结果如表 7-13 所示,信度系数检验结果符合标准。

表 7-13　项目组织管理能力影响因素因子分析信度系数检验结果

能力类别	所含指标	Cronbach's α
项目团队成员个人能力	相关人员的专业知识水平、项目实施人员的独立工作能力、对项目团队成员进行经常性的培训、团队成员的应变能力、团队成员的协作意识	0.792
项目团队能力	灵活的组织结构、团队冲突的化解能力	0.638
项目领导个人能力	高层管理者的参与积极性、项目经理的领导力	0.757
	总计	0.794

资料来源:作者根据问卷数据分析结果整理。

三、项目信息管理能力

本书研究认为,项目信息管理能力是指为了构建项目四要素科学配置关系、实现集成管理并达成项目目标,项目管理团队所具备的与项目信息处理相关的知识、技能和经验。以下就将对相应的测度量表和分析过程进行阐述。

(一)项目信息管理能力变量的测度量表

相比于对项目组织和项目过程方面的研究,对项目信息管理的研究更多是集中在项目信息系统模型构建、项目信息系统与项目决策的关系和项目信息管理模式几个方面,而在关于项目信息管理影响因素的研究中,很多也是基于这些方面来进行拓展研究的。

Liberatore 等(2003)在对项目管理软件选择的研究中指出,对于项目信息的处理来说,最重要的就是能够为项目的决策提供关于项目组织、项目控制和评估的信息,并且这些信息的及时性将会影响整个决策流程的开展。Raymond 等(2008)则在综合前人研究成果的基础上,对项目信息管理系统的质量和项目信息系统提供的质量的相关性展开了研究,其中从信息系统的使用便利性、灵活性、综合处理能力和信息更新能力几方面对项目信息系统的功能进行衡量。在 Ali 等(2008)的研究中,则是从组织和项目外部因素的角度对项目信息系统和项目信息管理的影响因素进行了讨论,指出项目信息管理并不是单纯对项目信息的处理工作,还必须考虑到组织和项目对信息的需求以及信息传递渠道的建设和完善。根据对以上文献中所提观点进行提炼和综合,本书提取和开发了 8 个测度指标来对项目信息管理能力进行衡量,其具体内容如表 7-14 所示。

表 7-14　项目信息管理能力的测度指标

指标编号	测度指标	测度指标的来源
IM-1	信息系统对外部环境信息的及时处理能力	
IM-2	对项目外部信息收集渠道建设的完善情况	
IM -3	对项目信息和数据质量的快速判断	
IM-4	项目信息系统对信息的综合分析能力	Liberatore 等（2003），Raymond 等（2008），Ali 等（2008）
IM-5	项目内部数据联动处理的情况	
IM-6	项目实施过程信息发布的及时性	
IM-7	项目信息发布渠道的完善性	
IM-8	项目内部信息收集系统的完备性	

资料来源：作者根据文献研究整理。

（二）项目信息管理能力影响因素的因子分析

基于回收的调查问卷数据，以下将对调查问卷中所设的有关项目信息管理影响因素测度指标进行因子分析。

1. 项目信息管理能力影响因素的 KMO 和 Bartlett 球形检验

如表 7-15 中所示，其 KMO 为 0.808，超过了标准为 0.7 的要求；而 Bartlett's 球形检验中，其相伴概率 P 为 0.000，小于 0.05，即零假设被拒绝，适合进行因子分析。

表 7-15　项目信息管理能力影响因素的 KMO 和 Bartlett's 球形检验结果

检验方法		检验结果
KMO	—	0.808
Bartlett's 球形检验	近似卡方值	507.461
	自由度（df）	21
	相伴概率值（Sig.）	0.000

资料来源：作者根据问卷数据分析结果整理。

2. 项目信息管理能力影响因素因子分析的总方差分解

如表 7-16 所示，在对项目过程管理能力中所设的测度指标进行总方差分解时，8 个因子中有 3 个因子的特征根符合大于 1 的标准，其中第一个因子的特征值为 2.693，解释了 8 个初始变量总方差的 33.668%；第二个因子特征根值为 1.545，解释了 8 个初始变量总方差的 19.316%；第三个因子的特征值为 1.270，占 8 个初始变量总方差的 15.880%，三个因子的累计方差贡献率为 68.864%，表明前三个因子能够对 8 个变量 68.864%的信息进行解释。

其中，三个因子被提取后，其累计方差贡献率为 49.919%，经过旋转后实现对各个初始变量重新进行因子解释的分析结果，项目信息管理能力影响因素将被三个因子所解释，即受三类影响因素影响。

表 7-16　项目信息管理能力影响因素因子分析总方差分解分析表

因子	初始特征值			提取平方和载入			旋转平方和载入		
	特征值	方差贡献率/%	累计方差贡献率/%	特征值	方差贡献率/%	累计方差贡献率/%	特征值	方差贡献率/%	累计方差贡献率/%
1	2.693	33.668	33.668	2.302	28.770	28.770	2.164	27.054	27.054
2	1.545	19.316	52.984	0.973	12.159	40.929	1.109	13.868	40.922
3	1.270	15.880	68.864	0.719	8.990	49.919	0.720	8.997	49.919
4	0.806	10.075	78.940	—	—	—	—	—	—
5	0.634	7.922	86.862	—	—	—	—	—	—
6	0.522	6.526	93.388	—	—	—	—	—	—
7	0.308	3.853	97.242	—	—	—	—	—	—
8	0.221	2.758	100.000	—	—	—	—	—	—

注：提取方法为主轴因子分解。

资料来源：作者根据问卷数据分析结果整理。

3. 项目信息管理能力影响因素因子分析的旋转前的因子载荷矩阵

如表 7-17 所示，从旋转前的因子载荷矩阵来看，有 4 个测度指标在因子 1 上的载荷较大，而第二个和第三个因子与初始变量的相关程度相对较小，因此对原设变量的解释程度不明显。基于表 7-17 中的数据，与项目组织管理能力和项目过程管理能力影响因素相类似，可以写出项目信息管理能力影响因素因子分析的模型。例如：项目内部数据联动处理的情况= $0.743f_1-0.120f_2+0.028f_3$。

表 7-17　项目信息管理能力影响因素旋转前的因子载荷矩阵分析表

测度指标	因子		
	1	2	3
信息系统对外部环境信息的及时处理能力	0.821	-0.218	-0.119
对项目外部信息收集渠道建设的完善情况	0.213	0.045	0.723
对项目信息和数据质量的快速判断	0.694	-0.327	0.033
项目信息系统对信息的综合分析能力	0.665	0.382	-0.036
项目内部数据联动处理的情况	0.743	-0.120	0.028
项目实施过程信息发布的及时性	0.162	0.570	0.045
项目信息发布渠道的完善性	0.208	0.564	-0.014
项目内部信息收集系统的完备性	-0.191	-0.115	0.421

注：提取方法为主轴因子分解。

资料来源：作者根据问卷数据分析结果整理。

4. 项目信息管理能力影响因素因子分析的旋转后的因子载荷矩阵

表 7-18 是项目信息管理能力影响因素旋转后的因子载荷矩阵，其中的数据表明了 7 个测度指标在三个因子上的载荷情况。其中，第一个因子中具有较高载荷的测度指标与项目信息处理相关，因此将其命名为"项目信息处理能力"，而第二个因子包括信息发布的内容，因此命名为"项目信息发布能力"。第三个因子主要是与信息收集的测度指标相关，故将其命名为"项目信息收集能力"。

表 7-18　项目信息管理能力影响因素旋转后的因子载荷矩阵分析表

测度指标	因子		
	1	2	3
信息系统对外部环境信息的及时处理能力	0.849	0.052	−0.108
对项目外部信息收集渠道建设的完善情况	0.176	0.143	0.720
对项目信息和数据质量的快速判断	0.762	−0.085	0.049
项目信息系统对信息的综合分析能力	0.573	0.508	−0.054
项目内部数据联动处理的情况	0.742	0.127	0.034
项目实施过程信息发布的及时性	−0.030	0.593	0.018
项目信息发布渠道的完善性	0.016	0.600	−0.040
项目内部信息收集系统的完备性	−0.151	−0.151	0.426

注：提取方法为主轴因子分解。
资料来源：作者根据问卷数据分析结果整理。

从经过旋转后的因子载荷矩阵来看，"项目信息处理能力"在第一个因子上的载荷较大，而"项目信息收集能力"和"项目信息发布能力"分别在第三和第二个因子上的载荷较大。因此，第一个因子主要对项目信息处理能力进行解释，而第二和第三个因子则主要是解释项目信息的发布和收集能力，这三类能力中所包括的具体内容如表 7-19 所示。

表 7-19　项目信息管理能力影响因素信度系数检验结果

能力类别	所含指标	Cronbach's α
项目信息处理能力	信息系统对外部环境信息的及时处理能力、对项目信息和数据质量的快速判断、项目信息系统对信息的综合分析能力、项目内部数据联动处理的情况	0.719
项目信息收集能力	对项目外部信息收集渠道建设的完善情况、项目内部信息收集系统的完备性	0.813
项目信息发布能力	项目实施过程信息发布的及时性、项目信息发布渠道的完善性	0.755
总计		0.782

资料来源：作者根据问卷数据分析结果整理。

5. 项目信息管理能力影响因素信度系数检验

表 7-19 所示的是项目信息管理能力影响因素经过旋转后的因子分析结果的信度检验，可以看出其中的三个因子的信度系数都满足了标准的基本要求，说明以上研究所用的数据具有稳定性和内部一致性，项目信息管理能力影响因素进行分析后的相关结果具有可靠性。

通过采用 SPSS 19.0 统计分析软件进行因子分析，在原有的三个变量的基础上产生了很多新的因子，因此要重新进行定义变量的工作。对项目四要素集成管理的相关管理能力分别包括了项目团队成员个人能力、项目团队能力、项目领导个人能力、项目计划子过程管理能力、项目控制子过程管理能力、项目变更子过程管理能力、信息处理能力、信息收集能力和信息发布能力九个变量，并且以上各个变量均通过信息检验，说明本书研究所使用的量表和研究结果都有较高的可靠性。与此同时，以上各变量的解释变异量均大于 0.5 的标准，说明该研究使用的量表有较高的效度，其解释变异量如表 7-20 所示，其中各变量的代号为重新命名，后续分析中与本表相同。

表 7-20　变量的 Cronbach's α 与解释变异量值汇总表

代号	变量	测度指标数	Cronbach's α	解释变异量
OM-A	项目团队成员个人能力	5	0.792	0.5910
OM-B	项目团队能力	2	0.638	0.6765
OM-C	项目领导个人能力	2	0.757	0.5232
PM-A	项目计划过程管理能力	5	0.754	0.5992
PM-B	项目控制过程管理能力	2	0.867	0.7541
PM-C	项目变更过程管理能力	3	0.789	0.5225
IM-A	项目信息处理能力	4	0.719	0.6733
IM-B	项目信息收集能力	2	0.813	0.7725
IM-C	项目信息发布能力	2	0.755	0.6350

资料来源：作者根据问卷数据分析结果整理。

基于以上的因子分析结果，可以得到一个由 9 个变量构成的三个方面的大型工程项目四要素管理能力体系，以下将对项目组织管理能力、项目过程管理能力和项目信息管理能力三方面的相关性进行分析。

第三节　大型工程项目四要素集成管理能力的内部结构

对大型工程项目四要素集成管理能力内部结构的讨论，主要是分析以下问题：要开展这种项目的四要素集成管理，其中项目组织、项目管理过程、项目信息除了各自会影响管理工作的开展外，是否还会影响到其他因素，它们之间究竟存在什么样的关系，什么是开展这种管理的核心。为了找到这些问题的答案，本书研究将采用相关性分析的方法，通过检验以下假设来说明三种管理能力的关系并说明这种管理能力的结构。

假设 1(H_1)：项目组织管理能力与项目过程管理能力有正相关关系。

假设 2(H_2)：项目信息管理能力与项目过程管理能力有正相关关系。

假设 3(H_3)：项目组织管理能力与项目信息管理能力有正相关关系。

对于相关性分析来说，相关系数是其核心，相关系数的取值范围为+1～-1，如果相关系数(r)大于 0，则表示两变量存在正相关关系，如果相关系数(r)小于 0，则表示两变量存在负相关关系。而在对相关关系强弱的判断中，一般认为相关系数的绝对值小于 0.3 则表示两变量间的线性相关性较弱，而当相关系数超过 0.8 时，则表示两个变量间的线性相关性较强。

另外，在以下的相关性分析中，将采用典型相关分析来作为分析方法，这种方法是一种可以分析两组变量间关系的多变量相关性分析方法，它能够用于计算多个自变量和多个因变量之间的相关性情况。也就是说采用这种分析方法时，两组变量间可以互为因果关系。典型相关分析作为一种结合了因子分析和多元回归的多变量相关性分析方法，可以实现找出两组变量间的最优结构线性组合，其目的则在于识别并量化变量之间的关系，并且分析两组变量的线性组合是否存在相关性以及相关程度如何。

一、相关性分析过程

通过采用 SPSS 19.0 统计分析软件对项目组织管理能力、项目过程管理能力和项目信息管理能力所包含的变量进行典型相关分析，获得了如表 7-21 所示的三组变量间典型相关系数的矩阵。

表 7-21　三类变量之间的典型相关系数矩阵表

	OM-A	OM-B	OM-C	PM-A	PM-B	PM-C	IM-A	IM-B	IM-C
OM-A	1	—	—	—	—	—	—	—	—
OM-B	—	1	—	—	—	—	—	—	—
OM-C	—	—	1	—	—	—	—	—	—
PM-A	0.316	0.529	0.350	1	—	—	—	—	—
PM-B	0.362	0.411	0.488	—	1	—	—	—	—
PM-C	0.406	0.472	0.309	0.427	—	1	—	—	—
IM-A	—	0.347	—	0.386	0.458	0.409	1	—	—
IM-B	0.304	0.395	—	0.439	0.356	0.321	—	1	—
IM-C	—	0.303	0.311	0.329	0.503	0.494	0.422	0.346	1

注：表中的代号含义同表 7-20。显著性水平 p=0.05。
资料来源：作者根据问卷数据分析结果整理。

需要说明的是，在表 7-20 中，如果两组变量间出现两个相关系数，则选用其中的最大值。另外，根据以上对变量相关程度的说明，本书认为相关系数为 0.3～0.8 时为存在相关关系，小于 0.3 表示变量间的相关性较弱，因此为了使分析结果更容易识别，在矩阵中仅列出相关系数大于 0.3 的情况，并且对于在 p=0.05 显著性水平上相关性不显著的变量关系用"—"表示。

如表 7-21 所示的三类变量中的变量之间存在着相关关系，为了便于展现两两变量组之间的相关关系，以下将根据上述矩阵中的数据进行归类整理，从而对项目组织管理能力、项目过程管理能力和项目信息管理能力的相关关系进行呈现。

（一）项目组织管理能力和项目过程管理能力的相关性分析

为了更为清晰地阐述项目组织管理能力与项目过程管理能力之间的相关关系，表 7-22 中对项目组织管理能力中所包括的三个变量与项目过程管理中三个变量的相关系数进行了分别说明。

表 7-22　项目组织管理能力与项目过程管理能力间的相关系数表

项目组织管理能力	项目过程管理能力	相关系数
OM-A 项目团队成员个人能力	PM-A 项目计划子过程管理能力	0.316
	PM-B 项目控制子过程管理能力	0.362
	PM-C 项目变更子过程管理能力	0.406
OM-B 项目团队能力	PM-A 项目计划子过程管理能力	0.529
	PM-B 项目控制子过程管理能力	0.411
	PM-C 项目变更子过程管理能力	0.472
OM-C 项目领导个人能力	PM-A 项目计划子过程管理能力	0.350
	PM-B 项目控制子过程管理能力	0.488
	PM-C 项目变更子过程管理能力	0.309

注：表中的代号含义同表 7-20。显著性水平 $p=0.05$。
资料来源：作者根据问卷数据分析结果整理。

从表 7-22 中的数据综合来看，项目团队能力与项目过程管理中的三个变量有相对较高的相关关系，但除部分变量外，整体相关性比较显著，变量间的相关系数为 0.3～0.6。

如表 7-22 所示，从两类变量间各变量的相关系数来看，在项目组织管理能力中，项目团队成员个人能力与项目变更子过程管理能力相关性较强（相关系数=0.406），项目团队能力与项目计划子过程管理能力相关性较强（相关系数=0.529），而项目领导个人能力则与项目控制子过程管理能力相关性较强（相关系数=0.488）。值得注意的是，虽然其他的两变量间的相关系数小于上述三对，但是在显著性水平 $p=0.05$ 条件下都存在有显著的相关关系，这些数据能够对前文中所提出的假设 1（H_1）的支持情况如下。

H_1：项目组织管理能力与项目过程管理能力有正相关关系。

$H_{1.1}$：项目团队成员个人能力与项目过程管理能力（PM-A 项目计划子过程管理能力、PM-B 项目变更子过程管理能力、PM-C 项目控制子过程管理能力）有正相关关系。

$H_{1.2}$：项目团队能力与项目过程管理能力（PM-A 项目计划子过程管理能力、PM-B 项目变更子过程管理能力、PM-C 项目控制子过程管理能力）有正相关关系。

$H_{1.3}$：项目领导个人能力与项目过程管理能力（PM-A 项目计划子过程管理能力、PM-B 项目变更子过程管理能力、PM-C 项目控制子过程管理能力）有正相关关系。

根据表 7-22 中所示的数据，根据两类变量间的相关系数，对上述假设 H_1、$H_{1.1}$、$H_{1.2}$ 和 $H_{1.3}$ 的支持情况如下。

H_1：支持。

$H_{1.1}$（PM-A、PM-B、PM-C）：支持（相关系数分别为：0.316、0.362、0.406）。

$H_{1.2}$（PM-A、PM-B、PM-C）：支持（相关系数分别为：0.529、0.411、0.472）。

$H_{1.3}$（PM-A、PM-B、PM-C）：支持（相关系数分别为：0.350、0.488、0.309）。

上述结果表明，项目组织管理能力对项目过程管理能力有积极影响，即项目团队中的成员、项目团队和项目领导都将对项目过程管理产生相应的作用，因此要想提升项目过程管理能力，就必须要充分考虑项目组织中包括项目团队整体、团队成员个人和项目领导的个人能力的提高，特别是对那些与项目过程管理能力具有高相关性（相关系数较大）的部分。

（二）项目信息管理能力和项目过程管理能力的相关性分析

根据表 7-21 中的相关数据，可以将项目信息管理能力与项目过程管理能力两类变量中各变量间的相关系数整理为如表 7-23 的形式。从表 7-23 中的数据可以看出，项目过程管理能力中所包含的三个变量均与项目信息管理能力中的三个变量有着显著的相关关系，其中最高的相关系数是项目信息发布能力与项目控制子过程管理能力，其相关系数为 0.503，其余的变量间的相关系数都为 0.3～0.5。

表 7-23　项目过程管理能力与项目信息管理能力间的相关系数表

项目信息管理能力	项目过程管理能力	相关系数
IM-A 项目信息处理能力	PM-A 项目计划子过程管理能力	0.386
	PM-B 项目控制子过程管理能力	0.458
	PM-C 项目变更子过程管理能力	0.409
IM-B 项目信息收集能力	PM-A 项目计划子过程管理能力	0.439
	PM-B 项目控制子过程管理能力	0.356
	PM-C 项目变更子过程管理能力	0.321
IM-C 项目信息发布能力	PM-A 项目计划子过程管理能力	0.329
	PM-B 项目控制子过程管理能力	0.503
	PM-C 项目变更子过程管理能力	0.494

注：表中的代号含义同表 7-20。显著性水平 $p=0.05$。

资料来源：作者根据问卷数据分析结果整理。

从表 7-23 中所列数据来看，项目信息管理能力中的三个变量中的项目信息处理能力与项目控制子过程管理能力相关性最大（相关系数=0.458），而项目信息收集能力则与项目计划子过程管理能力之间的相关系数最大（相关系数=0.439），而项目信息发布能力则同样与项目控制子过程管理能力关系最为密切（相关系数=0.503）。这些数据能够对前文中所提出的假设 2（H_2）的支持情况如下。

H_2：项目信息管理能力与项目过程管理能力有正相关关系。

$H_{2.1}$：项目信息处理能力与项目过程管理能力（PM-A 项目计划子过程管理能力、PM-B 项目变更子过程管理能力、PM-C 项目控制子过程管理能力）有正相关关系。

$H_{2.2}$：项目信息收集能力与项目过程管理能力（PM-A 项目计划子过程管理能力、PM-B 项目变更子过程管理能力、PM-C 项目控制子过程管理能力）有正相关关系。

$H_{2.3}$：项目信息发布能力与项目过程管理能力(PM-A 项目计划子过程管理能力、PM-B 项目变更子过程管理能力、PM-C 项目控制子过程管理能力)有正相关关系。

根据表 7-23 中所示的数据，根据两类变量间的相关系数，对上述假设 H_2、$H_{2.1}$、$H_{2.2}$ 和 $H_{2.3}$ 的支持情况如下。

H_2：支持。

$H_{2.1}$(PM-A、PM-B、PM-C)：支持(相关系数分别为：0.386、0.458、0.409)。

$H_{2.2}$(PM-A、PM-B、PM-C)：支持(相关系数分别为：0.439、0.356、0.321)。

$H_{2.3}$(PM-A、PM-B、PM-C)：支持(相关系数分别为：0.329、0.503、0.494)。

上述结果表明，项目信息管理能力对项目过程管理能力有积极影响，即项目的信息处理、信息收集和信息发布能力都将对项目过程管理产生相应的作用，因此要想改善项目过程管理能力，就需要注重对项目信息管理能力的提升，特别是对于那些具有较高相关性的变量，例如信息发布能力和信息处理能力都对项目控制子过程管理能力有重要影响，而对于项目计划子过程管理能力来说，则要注意信息收集能力的提升。

(三)项目组织管理能力与项目信息管理能力的相关性分析

通过对表 7-21 中相关数据的整理，项目组织管理能力与项目信息管理能力两组变量之间的相关性情况如表 7-24 所示。

表 7-24　项目过程管理能力与项目信息管理能力间的相关系数表

项目组织管理能力	项目信息管理能力	相关系数
	IM-A 项目信息处理能力	—
OM-A 项目团队成员个人能力	IM-B 项目信息收集能力	0.304
	IM-C 项目信息发布能力	—
	IM-A 项目信息处理能力	0.347
OM-B 项目团队能力	IM-B 项目信息收集能力	0.395
	IM-C 项目信息发布能力	0.303
	IM-A 项目信息处理能力	—
OM-C 项目领导个人能力	IM-B 项目信息收集能力	—
	IM-C 项目信息发布能力	0.311

注：表中的代号含义同表 7-20。显著性水平 $p=0.05$。

资料来源：作者根据问卷数据分析结果整理。

基于表 7-24 中所示的数据，从整体情况来看，两组变量间的相关性并不高，其中只有项目团队能力与项目信息管理能力中的三个变量都有在显著性水平 $p=0.05$ 下的相关关系，并且相关系数都未超过 0.4。而项目团队成员个人能力仅与项目信息收集能力有相关关系(相关系数=0.304)，项目领导个人能力则仅与项目信息发布能力有相关关系(相关系数=0.311)。在所有相关关系中，项目团队能力与项目信息收集能力相关系数最高，为 0.395。这些数据并不能完全支持前文中所提出的假设 3(H_3)，其具体情况如下。

H_3：项目组织管理能力与项目信息管理能力有正相关关系。

H$_{3.1}$：项目团队成员个人能力与项目信息管理能力(IM-A 项目信息处理能力、IM-B 项目信息收集能力、IM-C 项目信息发布能力)有正相关关系。

H$_{3.2}$：项目团队能力与项目信息管理能力(IM-A 项目信息处理能力、IM-B 项目信息收集能力、IM-C 项目信息发布能力)有正相关关系。

H$_{3.3}$：项目领导个人能力与项目信息管理能力(IM-A 项目信息处理能力、IM-B 项目信息收集能力、IM-C 项目信息发布能力)有正相关关系。

根据表 7-24 中所示的数据，通过两类变量间的相关系数对上述假设 H$_3$、H$_{3.1}$、H$_{3.2}$ 和 H$_{3.3}$ 的支持情况如下。

H$_3$：弱支持。

H$_{3.1}$(IM-B)：支持(相关系数为：0.304)；H$_{3.1}$(IM-A、IM-C)：不支持。

H$_{3.2}$(IM-A、IM-B、IM-C)：支持(相关系数分别为：0.347、0.395、0.303)。

H$_{3.3}$(IM-C)：支持(相关系数为：0.311)；H$_{3.3}$(IM-A、IM-B)：不支持。

从上述结果可以看出，项目组织管理能力对项目信息管理能力的积极影响不明显，其中只有项目团队能力对项目信息收集、项目信息处理和信息发布能力有较强的相关关系，而项目团队成员的个人能力只与项目信息收集能力相关，而项目领导个人能力只与项目发布能力有相关关系。

二、相关关系分析结果总结

综合上述的相关性分析结果，可以将项目组织管理能力、项目过程管理能力、项目信息管理能力中所包含的变量间的相关关系总结为图 7-5。

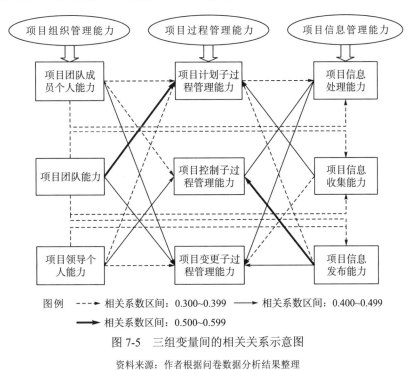

图 7-5　三组变量间的相关关系示意图

资料来源：作者根据问卷数据分析结果整理

如图 7-5 所示，其中的三类变量间的相关关系的相关系数都为 0.300～0.600，并且项目组织管理能力主要是和项目过程管理能力有显著的相关关系，而与项目信息管理能力的相关性则较弱。与此同时，项目信息管理能力也与项目过程管理能力有较强的相关关系，其各类变量间的具体相关关系如下。

（一）项目组织管理能力与项目过程管理能力的相关性

项目组织管理能力中所包括的项目团队成员个人能力与项目过程管理中的计划、控制和变更子过程管理能力均有显著的相关关系，其中的变更子过程管理能力相关性最强。对于项目团队能力来说，它与项目计划子过程管理能力相关性最强，其次是项目变更子过程管理能力和项目控制子过程管理能力，并且从总体上来说，项目团队能力与项目过程管理能力的相关性最强。对项目领导个人能力这一变量来说，它与项目控制子过程管理能力相关性最强，而与项目变更子过程管理能力相关性最弱，项目计划子过程管理能力居中。因此，其中的项目团队能力应该作为提升的重点。

（二）项目信息管理能力与项目过程管理能力的相关性

项目信息管理能力包括项目信息处理能力、项目信息收集能力和项目信息发布能力，这些变量均与项目过程管理能力中所涉及的三项变量相关，其中项目信息发布能力与项目控制子过程管理能力的相关系数最大，而项目信息处理能力与项目控制子过程管理能力的相关性也较大，项目信息收集能力与项目计划子过程管理能力的相关性则要比其他两个项目信息管理能力与之的相关性要大。由此看来，要提升项目过程管理能力，就应该对项目信息管理能力进行全面提升，特别是其中的项目信息发布能力。

（三）项目组织管理能力与项目信息管理能力的相关性

虽然相对于以上两对变量组之间的相关关系，项目组织管理能力与项目信息管理能力间的相关关系较弱，但是其中的项目团队能力还是与项目信息管理能力中的三个变量均有相关关系，并且项目团队成员个人能力与项目信息收集能力、项目领导个人能力与项目信息发布能力也有相关性。

以上的分析弄清了项目组织管理能力、项目过程管理能力、项目信息管理能力三组变量间的相关关系及相关程度后，也得到了假设 1、假设 2 和假设 3 的假设检验结果，表 7-25 是对所有假设检验结果的汇总。

表 7-25　相关性分析结果与假设验证情况汇总表

假设代号	假设的内容	检验结果
H_1	项目组织管理能力与项目过程管理能力有正相关关系	获得支持
$H_{1.1}$	项目团队成员个人能力与项目过程管理能力有正相关关系	获得支持
$H_{1.2}$	项目团队能力与项目过程管理能力有正相关关系	获得支持
$H_{1.3}$	项目领导个人能力与项目过程管理能力有正相关关系	获得支持
H_2	项目信息管理能力与项目过程管理能力有正相关关系	获得支持
$H_{2.1}$	项目信息处理能力与项目过程管理能力有正相关关系	获得支持

假设代号	假设的内容	检验结果
$H_{2.2}$	项目信息收集能力与项目过程管理能力有正相关关系	获得支持
$H_{2.3}$	项目信息发布能力与项目过程管理能力有正相关关系	获得支持
H_3	项目组织管理能力与项目信息管理能力有正相关关系	弱支持
$H_{3.1}$	项目团队成员个人能力与项目信息管理能力有正相关关系	弱支持
$H_{3.2}$	项目团队能力与项目信息管理能力有正相关关系	获得支持
$H_{3.3}$	项目领导个人能力与项目信息管理能力有正相关关系	弱支持

资料来源：作者根据问卷数据分析结果整理。

结合本书研究在实地走访调研中对项目管理人员的访谈，目前在实际的项目组织中存在的障碍主要来自项目团队成员个人文化背景的不同，因此在开展项目活动时，通常需要花费大量时间进行协调，并且由于很多项目在实施过程中由于工期较紧，没有充裕的时间给项目管理人员进行相关的培训，导致一部分团队成员没有很好地掌握项目的特点和目标，在工作中存在很多问题。

随着信息技术的飞速发展，市场上出现了以 Microsoft Project 为代表的项目管理软件。但是在调查中，很多受访者反映，这些软件虽然功能强大，但是由于在信息收集环节比较薄弱，导致这些价格高昂的软件不能"物尽其用"，没有对整个项目管理，特别是开展项目集成管理带来很好的效果。另外，由于在数据收集阶段需要大量的文档和工作，这大大增加了项目团队成员的工作量和项目的管理成本，因此很多受访者表示在实际的项目集成管理过程中要想全面提高项目信息管理能力还有很多困难。

综上所述，项目过程管理能力作为实现大型工程项目四要素集成管理的核心能力，它与项目组织能力和项目信息处理能力有着密切的联系，其中计划、控制和变更子过程的实现都需要来自项目组织的积极配合和项目信息处理系统的支撑，而这两方面的影响因素又分别体现在项目团队成员、项目团队和项目领导对项目信息的收集、处理和发布这些方面，因此在开展这种项目的四要素集成管理时，还必须注重这两个方面的建设和健全。

第八章　结论与展望

本书通过采用文献研究、基于问卷调查的实证分析和理论推演等方法，结合大型工程项目的系统特点，提出了针对这种项目的项目四要素科学配置关系模型和集成管理方法体系，以下便对本书研究的主要结论和后续研究的展望进行阐述，以期对今后的相关研究起到借鉴作用。

第一节　主　要　结　论

本书通过对目前已有的项目要素集成管理相关研究成果的分析，总结了其中存在的问题和缺陷，建立了工程项目四要素配置关系模型，并在此基础上对大型工程项目四要素配置关系和集成管理方法进行了进一步分析。

在对系统理论、集成与集成管理理论、配置和配置关系理论和工程项目集成管理相关研究进行回顾和分析的基础上，提出了项目范围要素在这类项目中的重要作用和项目目标对大型工程项目的导向性，在对比分析目前已有相关研究成果的基础上进一步构建了包括项目质量、项目范围、项目时间和项目成本的大型工程项目四要素配置关系模型，并且在此基础上对这类项目系统中项目四要素配置关系与集成管理的关系、不同要素目标优先序列下的配置关系和集成管理方法进行了讨论。研究得出的主要结论如下。

1. 项目范围是开展项目集成管理的核心要素之一

基于本书对大型工程项目集成管理相关文献的分析和归纳，可以看出目前对于项目要素集成的讨论主要限于项目质量（绩效）、项目时间和项目成本三要素，但这些研究结果却与现实管理情况不太相符。为此，本书提出了包括项目范围在内的项目四要素集成管理的必要性，其中项目范围不但作为项目目标实现的决定性要素，还指出项目范围对项目质量、项目成本和项目时间三要素有着重要影响，这是因为项目范围由于包括项目工作和项目产出物两方面的内容，它是对项目"怎么做"这一方面的刻画，与代表"做什么"的项目质量、代表"做多久"的项目时间和代表"花费多少来做"的项目成本这三要素从四个不同维度说明了项目属性，并且它们各自的要素目标也是项目目标实现的基础和组成部分。本书还根据要素间的关系进一步构建了四要素的配置关系模型，这是一个以项目范围为中心，以项目成本、项目时间和项目质量为三边的外切三角形，表示包括了项目范围对其他三个要素的影响性、三个要素对项目范围的约束性，以及其中两两要素的相关性这三方面的项目核心四要素的配置关系特点。

2. 大型工程项目四要素配置关系是开展项目四要素集成管理的依据

基于对配置关系和集成管理在系统角度的分析，本书认为项目要素的配置关系是体现项目要素之间匹配关系和项目系统整体情况的客观关系，并且它由要素、约束、结构和功能四个维度来体现其内涵。而集成管理作为实现项目集成，即实现项目系统整合增效的管理活动，是以项目系统整体为对象的，因此在开展项目集成管理时必须以要素间的配置关系为依据，这样才能使管理活动符合客观要求，并且根据客观情况进行管理方法的制定、管理技术和工具的选择和应用。在此基础上，通过对大型工程项目四要素系统的分析，本书对这种项目中四要素的配置关系特点分维度进行了剖析，说明这是一种由两两要素关系为基础、以实现项目目标为导向和受到资源约束的体现项目四要素整体情况的要素匹配的客观关系。而以这种配置关系为依据开展的集成管理则要遵循以项目目标为导向、以要素间两两集成为基础、以分步集成为实现过程的管理原则，并且将项目要素目标的优先性、项目要素的可调整性、项目要素间的相关关系等作为管理对象开展管理，只有这样才能在确保项目目标实现的同时实现项目系统的整合增效。

3. 大型工程项目四要素配置关系是以要素目标优先性为导向的四要素间匹配关系的整体反映

由于大型工程项目四要素配置关系是开展集成管理的依据，而项目目标则是配置关系的导向，因此项目总目标和项目四要素目标的设置情况将直接决定项目四要素集成管理的开展。对于大型工程项目来说，项目的目标主要由项目利益相关者的期望和需求，以及项目要素所受的约束两方面来决定，而这就形成了分别以项目质量、项目时间、项目成本和项目范围为第一优先目标的项目四要素配置关系，这些配置关系的核心都是具有第一优先性的项目要素具有"刚性"，即在项目利益相关者的要求和项目资源约束两方面的作用下，这种要素目标不具可变性，必须通过项目将其实现。例如，在项目时间目标具有第一优先性的大型工程项目中，其他项目三要素则可以为了实现第一优先目标而进行调整，并且在调整中要使各要素的相对调整幅度实现最小化，从而使实现的项目要素配置关系是对系统四要素匹配关系最优化的结果。为了更为直观地说明四类不同的配置关系特点，本书通过目标规划的形式对四种配置关系的特点进行了分类说明。与此同时，由于项目范围对其他三个项目要素有着决定性的作用，因此在对项目质量、项目成本和项目时间优先的项目四要素配置关系建立和调整中都将项目范围设为第二优先的项目要素，而在以项目范围为第一优先目标的项目中则呈现出较其他三类项目不同的更为复杂的情况。

4. 大型工程项目四要素集成管理是以项目目标导向、以要素两两集成和分步集成为原则开展的循环性管理

由于大型工程项目四要素集成管理是以项目四要素配置关系为依据开展的管理活动，因此必须以一定的与配置关系本质相匹配的管理原则为基础、以构建和实现这种配置关系为目的，采用科学的管理技术和方法通过一系列的管理活动来确保项目目标实现和整合增效的目的。本书根据这种项目四要素配置关系的内涵提出了以项目目标为导向、以要素两

两集成和分步集成为核心内容的管理原则,对如何将这种管理原则落实于管理过程、管理技术和工具上进行了探讨,建立了包括起始子过程、计划子过程、控制子过程、变更子过程和结束子过程五个子过程在内的具有循环性的管理过程,并且将现有的较为成熟的项目管理工具结合要素间客观关系的特点进行了整合,形成了一套能够实现对单项要素和两两要素关系进行管理的技术方法。由于不同要素目标优先性的项目四要素配置关系各具特色,因此本书又进一步分别对四种不同情况的项目管理过程进行了说明,其中主要是围绕如何在项目计划子过程、项目控制子过程和项目变更子过程中确保第一要素目标的实现和利用其他项目要素可调整性进行了分析,而对于起始和结束两个子过程则主要是从目标及目标优先性确定和目标重置方面进行了说明。

5. 大型工程项目四要素集成管理的实施受到项目组织和项目信息管理能力的影响

对于大型工程项目四要素集成管理的实施而言,除了管理原则而外,管理过程是另一项重要内容。为了要弄清其管理过程的核心,本书通过参考相关文献,以问卷的形式进行了调查和数据收集,在对统计数据进行因子分析和相关性分析之后,一方面确定了项目四要素集成管理中计划子过程、控制子过程和变更子过程对于这种管理的核心性,同时也对包括项目团队成员个人能力、项目团队能力和项目领导个人能力三个方面的项目组织管理能力,以及包括项目信息收集、项目信息处理和项目发布能力三个方面的项目信息管理能力与项目过程管理能力的相关性进行了逐一分析。实证分析结果证明项目组织管理能力与项目信息处理能力均有较为显著的相关关系,特别是项目团队能力对项目计划子过程、项目信息发布能力对项目控制子过程的影响尤为显著。

第二节　研究的不足之处和后续研究建议

整体来看,虽然本书对大型工程项目的四要素配置关系和集成管理方法进行了较为系统的分析,但仍存在很多不足之处,还需今后进一步进行研究。

一、不足之处

作为一项有一定探索性的研究,本书的不足主要可以归纳为研究对象和研究内容两方面。对于研究对象,主要表现在项目类型的局限性和项目要素的有限性方面,而研究内容则主要表现在对具体管理工具的应用和影响因素的作用机制两方面不够深入。

(一)研究对象的局限性

研究对象的局限性主要来源于项目类型和项目要素两方面,一方面由于大型工程项目相比于其他工程项目,在地域、社会环境、经济环境和文化环境方面有一定的特殊性,因此针对这一项目提出的项目四要素配置关系和集成管理方法是否适用于其他工程项目还存在一定的讨论空间。另一方面,包括项目质量、项目范围、项目时间和项目成本在内的项目四要素虽然在本书中将其视作项目的核心要素,是项目目标实现的必备条件,但是这四项要素并不是项目的全部，还有诸如项目风险、项目资源等要素，它们对于项目的成功来说也至关重要。

(二)缺乏对具体操作和实施的讨论

本书对大型工程项目四要素集成管理的管理原则、管理对象、管理过程、管理技术进行了分析，但是对于具体方法和工具的具体操作和实施的细节并未进行深入讨论。例如，在项目目标的设置时，往往需要考虑很多因素，那么如何来平衡项目利益相关者对项目四要素的期望和需求，以及如何采用本书中所提及的工具进行项目四要素的可调整范围的科学设置等问题在本书中都未就具体的细节进行讨论，这些问题的解决对将本书提出的方法体系落实到实际的项目管理中是十分重要的，虽然本书限于研究时间和研究篇幅并未对其进行讨论，但是这一不足之处也是今后可以继续深入研究的内容。

(三)未对影响因素的影响机制进行研究

在本书实证分析部分，虽然对影响大型工程项目四要素集成管理开展的影响因素进行了分析，并且对影响因素之间的相关关系和相关程度进行了讨论，但是并未对影响因素的影响机制和影响过程进行说明，而这对于在实际项目中更好地发挥本书研究成果的作用是具有一定必要性的，因为只有了解了这些内容，才能对其实施管理，使不利影响降到最低，同时也在一定程度上确保了项目的成功。

二、后续研究建议

基于本书中对目前相关研究成果的分析和以上对本书研究存在的不足之处的说明，结合对多地大型工程项目的走访调查结果，特提出以下后续研究建议。

(一)提出更为细化和具有操作性的大型工程项目四要素集成管理措施

基于以上的分析可以看出，虽然本书对如何开展大型工程项目四要素集成管理建立了较为全面的管理体系，但是就如何将其中的技术和工具应用到具体的项目活动中，本书并没有提出具体的操作细节和措施，然而要将本书的这些研究结果付诸于实践，这些是必不可少的。

(二)分析项目组织、项目信息管理对项目中四要素集成管理的影响机制

由于本书已经对项目组织管理和项目信息管理与项目集成管理开展的关系通过实证研究的方式进行了说明，但是对于项目组织中的团队成员、团队和项目领导，以及项目信息收集、项目信息处理和项目信息的发布是如何影响这种集成管理的开展之类的问题并没有开展讨论，对这些问题开展研究也是十分必要的。

(三)建立动态的项目要素集成管理绩效评价体系

项目集成管理的作用与意义目前已经得到了普遍认可，并且在很多项目管理软件中已经对自动化管理进行了尝试，但是如同其他管理活动一样，仅仅知道怎样开展项目要素集

成管理是不够的，了解管理效果也是另一项重要内容。而目前真正能对项目集成管理绩效进行衡量的，可能只有项目挣值管理，但是挣值管理却仅仅针对项目成本和项目时间两项要素来开展，其中的项目质量和项目范围固定不变的假设，大大影响了其度量效果的科学性和适用性，但是以其为基础可以进一步建立动态衡量项目要素集成管理绩效的体系。

(四)开展包括更多要素的工程项目要素集成管理研究

鉴于目前对项目全过程、全团队、全要素和全面集成的研究成果的回顾与分析，项目全要素的集成管理方面的研究还较为薄弱，但作为项目目标实现的必要条件，项目全要素集成管理是十分关键的。如果没有这部分内容，就无法实现对项目开展全面集成管理，但目前这方面的研究还主要停留在项目两要素、三要素集成管理上，对于如何进行包括项目风险、项目合同、项目资源在内的多要素集成管理还需进一步进行探讨。

参 考 文 献

白思俊, 等, 2006. 系统工程[M]. 北京: 电子工业出版社.

毕星, 翟丽. 2000. 项目管理[M]. 上海: 复旦大学出版社.

常绍舜, 2011. 从经典系统论到现代系统论[J]. 系统科学学报, 19(3): 1-4.

陈建华, 林鸣, 马士华, 2005. 基于过程管理的工程项目多目标综合动态调控机理模型[J]. 中国管理科学, 13(5): 93-99.

陈勇强, 2004. 基于现代信息技术的超大型工程建设项目集成管理研究[D]. 天津: 天津大学.

成虎, 2000. 建设项目全寿命周期集成管理研究[D]. 哈尔滨: 哈尔滨工业大学.

成虎, 2001. 工程项目管理[M]. 2 版. 北京: 中国建筑工业出版社.

戴汝为, 王珏, 田捷, 1995. 智能系统的综合集成[M]. 杭州: 浙江科技出版社.

丁士昭, 1999. 关于建立工程项目全寿命周期管理系统的探讨: 一个新的集成 DM, PM 和 FM 的管理系统的总体构思[C]//海峡两岸营建业合作交流研讨会论文集: 135-139.

董士波, 2005. 全生命周期工程造价管理研究[D]. 哈尔滨: 哈尔滨工程大学.

法月萍, 陈永战, 2010. 不同视角下的大型工程项目目标系统分析[J]. 项目管理技术, (2): 83-88.

冯·贝塔朗菲, 1987. 一般系统论基础、发展和应用[M]. 林康义, 等译. 北京: 清华大学出版社.

高兴夫, 胡成顺, 钟登华, 2007. 工程项目管理的工期-费用-质量综合优化研究[J]. 系统工程理论与实践, 27(10): 112-117.

龚建桥, 朱睿, 1996. 科技企业集成管理研究论纲[J]. 科技管理, (3): 54-58.

顾基发, 王浣尘, 唐锡晋, 等, 2007. 综合集成方法体系与系统学研究[M]. 北京: 科学出版社.

郭庆军, 赛云秀, 2009. 工程项目三大目标规划模型的构建[J]. 统计与决策, (3): 47-50.

郭晓霞, 2009. 建筑工程项目集成管理研究[D]. 西安: 西安建筑科技大学.

海峰, 2003. 管理集成论[M]. 北京: 经济管理出版社.

何清华, 陈发标, 2001. 建设项目全寿命周期集成化管理模式的研究[J]. 重庆建筑大学学报, 23(4): 75-80.

胡运权, 2003. 运筹学[M]. 北京: 清华大学出版社.

贾广社, 2003. 项目总控——建设工程的新型管理模式[M]. 上海: 同济大学出版社.

李宝山, 刘志伟, 1997. 集成管理: 21 世纪的企业制胜之道[J]. 企业活力, (9): 13-15.

李宝山, 刘志伟, 1998. 集成管理——高科技时代的管理创新[M]. 北京: 中国人民大学出版社.

李高扬, 吴育华, 刘明广, 2006. 基于差异演化算法的网络计划多目标优化[J]. 中国工程科学, 8(6): 60-63.

李瑞, 2010. 造船项目集成化管理理论与应用研究[D]. 大连: 大连理工大学.

李瑞涵, 2002. 工程项目集成化管理理论与创新研究[D]. 天津: 天津大学.

李卫星, 2006. 突破项目管理难点: 从 WBS 到计划[M]. 北京: 电子工业出版社.

李蔚, 2005. 建设项目的供应链集成管理研究[J]. 基建优化, 26(1): 16-19.

李蔚, 蔡淑琴, 2006. 建设项目集成的 SIPOC 模式及其组织支持[J]. 科研管理, 27(1): 138-144.

李雪淋, 王卓甫, 刘晓平, 2007. 基于向量评价遗传算法的工程项目多目标优化[J]. 水运工程, (11): 9-11.

廖良才, 于学勇, 2007. 项目范围变更管理方法研究[J]. 企业活力, (10): 84-85.

林鸣, 陈建华, 马士华, 2005. 基于 "3TIMS" 平台的工程项目动态联盟集成化管理模式[J]. 基建优化, 26(4): 6-10.

林则夫, 2007. 试论挣值管理的应用——经验、问题及驱动因素分析[J]. 科学学与科学技术管理, 28(7): 72-76.

刘津明, 2003. 工程项目进度计划优化方法的研究[J]. 天津大学学报, 36(5): 610-613.

刘伟, 刘景全, 2002. 资源约束下的时间-费用交换问题研究[J]. 系统工程理论与实践, 22(9): 42-46.

刘晓峰, 陈通, 张连营, 2006. 基于微粒群算法的工程项目质量、费用和工期综合优化[J]. 土木工程学报, 39(10): 127-131.

刘勇, 2009. 工程项目集成化管理机制研究[D]. 徐州: 中国矿业大学.

骆汉宾, 2008. 基于CIC的轨道交通建设工程集成管理研究[D]. 武汉: 武汉理工大学.

马庆国, 2005. 管理统计[M]. 北京: 科学出版社.

欧文·拉兹洛, 1998. 系统哲学引论——一种当代思想的新范式[M]. 钱北华, 等译. 北京: 商务印书馆.

戚安邦, 2002. 多要素项目集成管理方法研究[J]. 南开管理评论, 5(6): 70-75.

戚安邦, 2004a. 挣值分析中项目完工成本预测方法的问题与出路[J]. 预测, 23(2): 56-60.

戚安邦, 2004b. 项目挣值分析方法中的错误与解决方案[J]. 数量经济与技术经济研究, 21(5): 63-69.

戚安邦, 2006. 项目成本管理[M]. 天津: 南开大学出版社.

戚安邦, 2007. 项目管理学[M]. 北京: 科学出版社.

戚安邦, 2015. 项目全面集成管理原理与方法[M]. 天津: 南开大学出版社.

钱学森, 等, 2007. 论系统工程[M]. 上海: 上海交通大学出版社.

曲娜, 2006. 高速公路建设项目投资和工期与质量的关系[J]. 公路与汽运, (3): 188-190.

赛云秀, 2005. 工程项目控制与协调机理研究[D]. 西安: 西安建筑科技大学.

赛云秀, 李惠民, 陈霜, 2006. 工程项目质量控制与进度控制的协调性研究[J]. 建井技术, 27(4): 36-38.

田志学, 叶剑, 张宿, 2001. 工程项目目标成本与进度控制方法研究[J]. 北京航空航天大学学报, 14(4): 37-41.

王健, 刘尔烈, 骆刚, 2004. 工程项目管理中工期-成本-质量综合均衡优化[J]. 系统工程学报, 19(2): 148-153.

王乾坤, 2006. 建设项目集成管理研究[D]. 武汉: 武汉理工大学.

王雪荣, 成虎, 2003. 建设项目全寿命周期综合计划体系[J]. 基建优化, 24(3): 1-4.

王延树, 成虎, 2000. 大型施工项目的集成管理[J]. 东南大学学报(自然科学版), 30(4): 100-104.

王要武, 薛小龙, 2004. 供应链管理在建筑业的应用研究[J]. 土木工程学报, 37(9): 86-90.

吴秋明, 2004a. 集成管理理论研究[D]. 武汉: 武汉理工大学.

吴秋明, 2004b. 集成管理论[M]. 北京: 经济科学出版社.

吴秋明, 李必强, 2003. 集成与系统的辩证关系[J]. 系统辩证学学报, 11(7): 24-28.

徐洪刚, 胡鹏飞, 2006. 工程项目成本、进度质量集成控制的研究[J]. 科技管理研究, (3): 132-137.

薛小龙, 2006. 建设项目供应链协调及其支撑平台研究[D]. 哈尔滨: 哈尔滨工业大学.

杨耀红, 汪应洛, 王能民, 2006. 工程项目工期成本质量模糊均衡优化研究[J]. 系统工程理论与实践, 26(7): 112-117.

余晓钟, 2004. 工程项目T、Q、C决策优化方法研究[J]. 价值工程, 23(3): 115-117.

余晓钟, 刘险峰, 2007. 项目挣值分析指标体系的进一步完善[J]. 科技管理研究, 27(4): 191-193.

袁晓玲, 2006. 中外城市竞争力研究进展评析[J]. 城市发展研究, 13(3): 97-101.

张红兵, 贾来喜, 李璐, 2007. SPSS宝典[M]. 北京: 电子工业出版社.

张丽霞, 侍克斌, 2003. 施工网络进度计划的多目标优化[J]. 系统工程理论与实践, 23(1): 56-61.

长青, 吉格迪, 李长青, 2006. 项目绩效评价中挣值分析方法的优化研究[J]. 中国管理科学, 14(2): 65-70.

赵秀生, 魏宏森, 1994. 综合集成方法及其在区域规划中的应用[J]. 系统辩证学学报, 2(1): 61-67.

周和生, 尹贻林, 2010. 政府投资项目全生命周期项目管理[M]. 天津: 天津大学出版社.

周三多, 1993. 管理学——原理与方法[M]. 上海: 复旦大学出版社.

周树发, 刘莉, 2004. 工程网络计划中的多目标优化问题[J]. 华东交通大学学报, (4): 10-13.

朱兰, 1981. 质量控制手册[M]. 上海: 上海科技文献出版社.

Abdul-Rahman H, 1996. Some observations on the management of quality among construction professionals in the UK[J]. Construction Management Economincs, 14(6).

Aibinu A A, Jagboro G O, 2002. The effects of construction delays on project delivery in Nigerian construction industry[J]. International Journal of Project Manage, 20(8).

Alexandre R, Bowers J, 1996. System dynamics in project management: A comparative analysis with traditional methods[J]. System Dynamics Review, 12(2).

Ali A S B, Anbari F T, Money W H, 2008. Impact of organizational and project factors on acceptance and usage of project management software and perceived project success[J]. Project Management Journal, 9(2).

Alshawi M, Faraj I, 2002. Integrated construction environments[J]. Construction Innovation, 2(3).

Arditi D, 1998. Factors that affect process quality in the life cycle of building projects[J]. Journal of Construction Management, 124(3).

Artale A, et al., 1996. Part-whole relations in object-centered systems: An overview[J]. Data and Knowledge Engineering, 20(3).

Artto K, et al., 2008. What is project strategy[J]. International Journal of Project Management, 26(1).

Ashkenas R N, DeMonaco L J, Francis S C, 1998. Making the deal real: How GE Capital integrates acquisitions[J]. Harvard Business Review, 76(1).

Ashkenas R N, Francis S, 2000. Integration managers: Special leaders for special times[J]. Harvard Business Review, 78(6).

Ashley D, Jaselskis E, Lurie C B, 1987. The determinants of construction project success[J]. Project Management Journal, 18(2).

Assaf S A S, Hejji A, 2006. Causes of delay in large construction projects[J]. International Journal of Project Management, 24(4).

Assaf S A, Al-Khalil M, Al-Hazmi M, 1995. Causes of delays in large building construction projects[J]. ASCE Journal of Manage Engineering, 11(2).

Association for Project Management, 2000. Project Management Body of Knowledge[M]. 4th ed. High Wycombe: Association for Project Management.

Association for Project Management, 2006. APM Body of Knowledge[M]. 5th ed. High Wycombe: Association for Project Management.

Atkinson R, 1999. Project management: Cost, time and quality, two best guesses and a phenomenon, its time to accept other success criteria[J]. International Journal of Project Manage, 17(6).

Austin S A, Baldwin A N, Steele J L, 2002. Improving building design through integrated planning and control[J]. Engineering Construction Architect Management, 9(3).

Axling T, Haridi S, 1994. A tool for developing interactive configuration applications[J]. Journal of Logic Programming, 26(2).

Babu A J G, Suresh N, 1996. Project management with time, cost, and quality considerations[J]. Journal of Operational Research, 88(2).

Baccarini D, 1999. The logical framework method for defining project success[J]. Project Manage Journal, 30(4).

Baccarini D, 2002. The concept of project complexity-a review[J]. International Journal of Project Management, 14(4).

Badiru A B, Pulat P S, 1995. Comprehensive Project Management: Integrating Optimization Models, Management Principles, and Computers[M]. New Jersey: Prentice Hall.

Baiden B K, Price A D F, Dainty A R J, 2006. The extent of team integration within construction projects[J]. International Journal of Project Manage, 24(1).

Baker B N, Murphy D C, Fisher D, 1983. Project Management Handbook[M]. New York: Van Nostrand Reinhold.

Balkany A, Birmingham W, Tommelein I, 1993. An analysis of several configuration design systems[J]. Artificial Intelligence in Engineering Design, Analysis and Manufacturing, 7(1).

Belassi W, Tukel O I, 1996. A new framework for determining critical success/failure factors in projects[J]. International Journal of Project Management, 14(3).

Berman E B, 1994. Resource allocation in a PERT network under continuous activity time-cost function[J]. Management Science, 10(4).

Bredin K, 2008. People capability of project-based organisations: A conceptual framework[J]. International Journal of Project Management, 26(5).

Brian J S, et al., 2009. Why projects fail? How contingency theory can provide new insights-a comparative analysis of NASAs Mars Climate Orbiter loss[J]. International Journal of Project Management, 27(2).

Burati J L, Farrington J J, Ledbetter W B, 1992. Causes of quality deviation in design and construction[J]. Journal of Construction Engineering Management, 118(1).

Cartwright S, 2005. Mergers and Acquisitions-an Update and Appraisal[M]//The International Review of Industrial and Organizational Psychology. New York: John Wiley and Sons Ltd.

Cash C, Fox R, 1992. Elements of successful project management[J]. Journal of Systems Management, 43(9).

Chan A P C, Hoo D C K, Tam C M, 2001. Design and build project success factors: Multivariate analysis[J]. Journal of Construct Engineering Manage, 127(2).

Chan D W M, Kumaraswamy M M, 1997. A comparative study of causes of time overruns in Hong Kong construction projects[J]. International Journal Project Management, 15(1).

Checkland P, 1981. Systems Thinking, Systems Practice[M]. Chichester: John Wiley & Sons.

Christopher B Q, 2002. Incorporating Practicability into genetic algorithm-based time-cost optimization[J]. Journal of Construction Engineering and Management, 2(3).

Chua D K H, et al., 1997. Model for construction budget performance-a neural network approach[J]. Journal of Construction Engineering and Management, 123(3).

Chua D K H, Kog Y C, Loh P K, 1999. Critical success factors for different project objectives[J]. Journal of Construction Engineering Management, 125(3).

Cicmil S, 2006. Understanding project management practice through interpretative and critical research perspectives[J]. Project Management Journal, 37(2).

CIOB, 2002. Code of Practice of Project Management for Construction and Development[M]. 3th ed. New Jersey: Blackwell Publishing.

Cioff D F, 2002. Managing Project Integration[M]. New York: Management Concepts Inc.

Clark C E, 1962. The PERT model for the distribution of an activity time[J]. Operations Research, 10(3).

Clarke B R, 1989. Knowledge-based configuration of industrial automation systems[J]. International Journal of Computer Integrated Manufacturing, 2(6).

Collerette P, Schneider R, Legris P, 2003. Management of organizational change-Part 6: Managing the transition[J]. ISO Management

Systems, 3(6).

Cooke-Davies T, 2002. The "real" success factors on projects[J]. International Journal of Project Management, 20(3).

Crane A, 2007. Rethinking construction is proving the business case for change[J]. Engineering, Construction and Architectural Management, 14.

Crawford L H, 2006. Project management competence for strategy[J]. Proceedings 14th World Congress on Project Management.

Crawford L, Pollack J, 2004. Hard and soft projects: A framework for analysis[J]. International Journal of Project Management, 22(4): 645-653.

Cui Y, Olsson N O E, 2009. Project flexibility in practice: An empirical study of reduction lists in large governmental projects[J]. International Journal of Project Management, 27(5).

Daisy X Z S, Thomas N, Kumaraswamy, 2005. Applying pareto ranking and niche formation to genetic alorithm-based multiobjective time-cost optimization[J]. Journal of Construction Engineering and Management, 131(1).

Daniel S, Eugene C, 1996. Configuration as composite constraint satisfaction[J]. Proceeding of the AI and Manufacturing Research Planning Wrokshop, (1): 153-161.

Daniel S, Rainer W, 1998. Product Configuration Frameworks-A survey[J]. Intelligent Systems, 13(4).

David H, 2000. Assessing organizational project management capability[J]. Journal of Facilities Management, 2(3).

Davies A, 2004. Moving base into high-value integrated solutions: A value stream approach[J]. Industry Corporate Change, 13(5).

De P, Dunne E J, Ghosh J B, et al., 1997. Complexity of the discrete time/cost trade-off problem for project networks[J]. Operations Research, 45(1).

Demeulemeester E, Elmaghraby S E, Herroelen W, 1996. Optimal procedures for the discrete time/cost trade-off problem in project networks[J]. European Journal of Operational Research, 88(1).

Demeulemeester et al., 2002. Project Scheduling: A research handbook[M]. Dordrecht: Kluwer Academy Publishers Inc.

Dey P K, Tabucanon M T, Ogunlana S O, 1996. Petroleum pipeline construction planning: A conceptual framework[J]. International Journal of Project Management, 14(4).

Diethelm, 2006. 项目管理[M]. 郑建萍, 译. 上海: 同济大学出版社: 284.

Dobson M S, 2004. The Triple Constrains in Project Management[M]. Boston: Management Concepts Inc.: 12.

Dvir D, 2005. Transferring projects to their final users: The effect of planning and preparations for commissioning on project success[J]. International Journal of Project Manage, 23(4).

Dvir D, Raz T, Shenhar A J, 2003. An empirical analysis of the relationship between project planning and project success[J]. International Journal of Project Management, 21(2).

Eden C, Ackermann F, Williams T, 2005. The amoebic growth of project costs[J]. Project Manage Journal, 36(2).

Edward W B, Karen A M, 2000. Cost and schedule impacts of information management on EPC process[J]. Journal of Management in Engineering, 16(2).

Electronic Industry Association,1998. National consensus standard for configuration management (EIA IS649-1998)[S].

Elrayes K, Kandil A, 2005. Time-cost-quality trade-off analysis for highway construction[J]. Journal of Construction Engineering and Management, 131(4): 477-486.

Engwall M, 2003. No project is an Island: linking projects to history and context[J]. Research Policy, 32(5).

Erengue S, Tufckci S, Zappe C J, 1993. Solving time/cost trade-off problems with discounted cash flows using generalized benders decomposition[J]. Naval Research Logistics, 40(1).

Evans J R, William M L, 2002. The Management and Control of Quality[M]. 5th ed. Cincinati: South-Western College Publishing.

Evaristo et al., 1999. A typology of project management: Emergence and evolution of new forms[J]. International Journal of Project Management, 17(5).

Evbuomwan N F O, Anumba C J, 1998. An integrated framework for concurrent life-cycle design and construction[J]. Advances in Engineering Software, 29(7-9).

Falk J E, Horowitz J L, 1974. Critical path problems with concave cost-time functions[J]. Management Science, 19(4).

Feng C W, Liu L, Burns S A, 2000. Stochastic construction time-cost trade-off analysis[J]. Journal of Computation in Civil Engineering, (3).

Ferns D C, 1991. Developments in programme management[J]. International Journal of Project Management, 9(3).

Fitzgerald B, Howcroft D, 1998. Towards dissolution of the is research debate: From polarization to polarity[J]. Journal of Information Technology, 13(4).

Fletcher J B, 1994. Implementing a software configuration management environment[J]. Computer Practices, 27(2).

Frank T A, 2003. Earned value project management method and extensions[J]. Project Management Journal, 34(4).

Freeman M, Beale P, 1992. Measuring project success[J]. Project Management Journal, 23(1).

Garza D L J, et al., 1994. Value of concurrent engineering for industry[J]. Journal of Management in Engineering, 10(3).

Gemünden H G, Salomo S, Krieger A, 2005. The influence of project autonomy on project success[J]. International Journal of Project Management, 23(5).

Geoff R, 1998. Quality, waste and cost considerations in architectural building design management[J]. International Journal of Project Management, 16(2).

Gilbert B R, et al., 1985. Cost reduction idea for a LNG project[J]. Chemistry Engineering Program, 81(4).

Goyal S K, 1975. A note on a simple CPM time-cost trade off algorithm[J]. Management Science, 21(6).

Grant R M, 1996. Prospering in dynamically competitive environments: organizational capability as knowledge integration[J]. Organization Science, 7(4).

Gray R J, 1998. Alternative approaches to programme management[J]. International Journal of Project Management, 15(1).

Gray R J, Bamford P J, 1999. Issues in programme integration[J]. International Journal of Project Management, 17(6).

Gruber T, Olsen G, 1996. The configuration design ontologies and the VT elevator domain theory[J]. International Journal of Human-Computer Studies, 44(2).

Gummesson E, 1991. Qualitative Methods in Management Research[M]. London: Sage.

Hanna A S, et al., 2002. Quantitative definition of projects impacted by change orders[J]. Journal of Construction Engineering Management, 128(1).

Hanna A S, et al., 2004. Cumulative effect of project changes for electrical and mechanical construction[J]. Journal of Construction Engineering Management, 130(6).

Hannan E L, 1978. The application of goal programming techniques to the CPM problem[J]. Socio-economic Planning Sciences, 12(5).

Hartman F T, 2000. Don't Park Your Brain Outside: A Practical Guide to Improving Shareholder Value with Smart Management[M]. New York: Project Management Institute.

Heeks R, Mundy D, 2001. Information systems and public sector reform in the third world[C]. The Internationalization of Public Management: 196-219.

Heinrich M, Jüngst E, 1991. A resource-based paradigm for the configuring of technical systems from modular components[C]. Proceeding of Seventh IEEE Conference on Artificial Intelligence Applications.

Hellstrom M, Wikstrom K, 2005. Project business concepts based on modularity-improved maneuverability through unstable structures[J]. International Journal of Project Management, 23(5).

Herroelen W, Leus R, Demeulemeester E, 2002. Critical chain project scheduling: Do not oversimplify[J]. Project Management Journal. 33(4).

Hinkin, Timothy R, 1998. A brief tutorial on the development of measures for use in survey questionnaires[J]. Organizational Research Methods, 1(1).

Howell I, 1996. The need for interoperability in the construction industry[C]. Proceeding of International Construction Information Technology Conference.

Hsieh T, Lu S, Wu C, 2004. Statistical analysis of causes for change orders in metropolitan public works[J]. International Journal of Project Manage, 22(8).

Hulett D T, 1995. Project schedule risk assessment[J]. Project Management Journal, 26(1).

Ibbs C W, 1997. Quantitative impacts of project change: Size issue[J]. Journal of Construction Engineering Management, 123(3).

Icmeli T, Rom O W, 1997. Ensuring quality in resource constrained project scheduling[J]. European Journal of Operational Research, 103(3).

International Standard Organization, 2003. Quality management systems-Guidelines for configuration management (ISO 10007)[S].

IPMA, 2006. ICB-IPMA Competence Baseline (Version 3.0)[M]. Netherland: IPMA Publishing.

Iranmanesh H, Skandari M R, Allahverdiloo M, 2008. Finding pareto optimal front for the multi-mode time, cost quality trade-off in project scheduling[J]. World Academy of Science, Engineering and Technology, 4.

Irfan M, et al., 2011. Planning-stage estimation of highway project duration on the basis of anticipated project cost, project type, and contract type[J]. International Journal of Project Management, 29(1).

Jaafari A, 1997. Concurrent construction and life-cycle project management[J]. Journal of Construction Engineering and Management, 123(4).

Jaafari A, 2000. Life-cycle project management: A proposed theoretical model for development and implementation of capital project[J]. Journal of Project management, 31(1).

Jaafari A, Manivong K, 1999. The need for life-cycle integration of project processes[J]. Engineering Construction Architect Management, 6(3).

Jackson M, 1999. Towards coherent pluralism in management science[J]. Journal of the Operational Research Society, 50(1).

Jang Y, Lee J, 1998. Factor influencing the success of management consulting project[J]. International Journal of Project Management, 16(2).

Jaselskis E J, Ashley D B, 1991. Optimal allocation of project management resources for achieving success[J]. Journal of Construction Engineering and Management, 117(2).

Jha K N, Iyer K C, 2007. Commitment, coordination, competence and the iron triangle[J]. International Journal of Project Management, 25(5).

Johanna K, Magnus H, Kim W, 2007. Integration as a project management concept: A study of the commissioning process in industrial deliveries[J]. International Journal of Project Management, 25(7).

John M, Haksever C, 2004. Flexible model for time/cost tradeoff problem[J]. Construction Engineering and Management, (3):

307-314.

Kaliba C, Muya M, Mumba K, 2009. Cost escalation and schedule delays in road construction projects in Zambia[J]. International Journal of Project Management, 27(5).

Kaming P, et al., 1997. Factors influencing construction time and cost overruns on high-rise projects in Indonesia[J]. Construct Manage Economy, 15(1).

Kapsali M, 2011. Systems thinking in innovation project management: A match that works[J]. International Journal of Project Management, 29(3): 396-407.

Kapsali M, 2011. Systems thinking in innovation project management: A match that works[J]. International Journal of Project Management, 29(3): 396-407.

Karlos A, et al., 2009. Foundations of program management: A bibliometric view[J]. International Journal of Project Management, 27(1).

Kelley J E, 1959. Critical-path planning and scheduling: Mathematical basis[J]. Operations Research, 9(3): 296-320.

Kerzner H, 2004. Advanced Project Management: Best Practices on Implementation[M]. New York: John Wiley and Sons.

Kerzner H, 2006. Project Management: A Systems Approach to Planning, Scheduling and Controlling (9th Edition)[M]. New York: John Wiley & Son Inc.

Khang D B Y, Myint M, 1999. Time, cost and quality trade-off in project management: A case study[J]. International Journal of Project Management, 17(4).

Kim E H, et al., 2003. A model for effective implementation of earned value management methodology[J]. International Journal of Project Management, 21(5): 375-382.

Kog Y C, et al., 1999. Key determinants for construction schedule performance[J]. International Journal of Project Management, 17(6).

Kumar D, 1989. Developing strategies and philosophies early for successful project implementation[J]. Project Management Jouranl, 7(3).

Kumaraswamy M, Chan D, 1998. Contributors to construction delay[J]. Construct Management Economy, 16(1).

Lackman M, 1987. Controlling the project development cycle, tools for successful project management[J]. Journal of System Management, 14(2).

Laufer A, Tucker R L, 1987. Is construction project planning really doing its job? A critical examination of focus, role and process[J]. Construction Management and Economics, 5(3).

Lennard D, et al., 2002. Integrating the team: Dream or reality[C]. Liverpool Best Practice Club/Rethinking Construction North West.

Lewis J P, 2002. 项目计划、进度与控制[M]. 赤向东, 译. 北京: 清华大学出版社: 23.

Liberatore M J, Pollack-Johnson B, 2003. Factors influencing the usage and selection of project management software[J]. IEEE Transport Engineering Management, 50(2).

Lim C S, Mohamed M Z, 1999. Criteria for project success: An exploratory reexamination[J]. International Journal of Project Manage, 17(4).

Lind M, Goldkuhl G, 2002. Grounding of methods or business change: Altering between empirical, theoretical and internal grounding[J]. Proceeding of European Conference on Research Methodology for Business and Management Studies.

Ling F Y Y, Ibbs C W, Hoo W Y, 2006. Determinants of international architectural, engineering and construction firms project success in China[J]. Journal of Construction Engineering Management, 132(2).

Lorterapong P, Moselhi O, 1996. Project-network analysis using fuzzy set theory[J]. Journal of Construction Engineering and Management, 122 (4).

Love P E D, 2002. Influence of project type and procurement method on rework costs in building construction projects[J]. Journal of Construction Engineering Manage, 128 (1).

Love P E D, Gunasekaran A, Li H, 1998. Concurrent engineering: A strategy for procuring construction projects[J]. International Journal of Project Management, 16 (6).

Love P E D, Li H, 2000a. Quantifying the causes and costs of rework in construction[J]. Construction Management Economy, 18 (4).

Love P E D, et al., 2000b. Modeling the dynamics of design error induced rework in construction[J]. Construction Management and Economics, 18 (5).

Love P E D, et al., 2002. Using systems dynamics to better understand change and rework in construction project management systems[J]. International Journal of Project Management, 20 (6).

Lycett M, et al., 2004. Programme management: A critical review[J]. International Journal of Project Management, 22 (4).

Manfred S, Bürgers H, 1997. General aspects of configuration management (CM) [J]. International Journal of Project Management, 15 (5).

Mansfield N R, Odeh N S, 1991. Issues affecting motivation on construction projects[J]. International Journal Project Management, 9 (2).

Marchman J F, 1998. Multinational, multidisciplinary, vertically integrated team experience in aircraft design[J]. International Journal of Engineering, 14 (5).

May J H, Strum D P, Vargas L G, 2000. Fitting the lognormal distribution to surgical procedure times[J]. Decision Sciences, 31 (1).

Maylor H, et al., 2006. From projectification to programmification[J]. International Journal of Project Management, 24 (8).

McDermott J, 1982. A rule-based configurer of computer systems[J]. Artificial Intelligence, 19 (1).

Meckl R, 2004. Organizing and leading M&A projects[J]. International Journal of Project Management, 22 (6).

Mette A, Hass, Jonassen, 2003. Configuration Management Principles and Practice[M]. Boston: Pearson Education Press Inc.

Midgley G, 2000. Systemic Intervention: Philosophy, Methodology and Practice[M]. New York: Plenum Publishers.

Midgley G, Munlo I, Brown M, 1998. The theory and practice of boundary critique: Developing housing services for older people[J]. Journal of the Operational Research Society, 49 (5).

Midler C, 1995. Projectification of the firm: The Renault case[J]. Scandian Journal of Management, 11 (4).

Mingers J, 1997. Towards Critical Pluralism[M]//Multimethodology: The Theory and Practice of Combining Management Science Methodologies. Chichester: John Wiley & Sons.

Mingers J, Brocklesby J, 1997. Multi-methodology: Towards a framework for mixing methodologies[J]. International Journal of Management Science, 25 (5).

Mittal S, Frayman F, 1989. Towards a generic model of configuration tasks[C]. Proceeding of 11th International Joint Conference of Artificial Intelligence.

Mohan M, et al., 2005. Constructing relationally integrated teams[J]. Journal of Construction Engineering and Management, 131 (10).

Momani A H A, 2000. Construction delay: A quantitative analysis[J]. International Journal of Project Management, 18 (1).

Morris P W G, Hough G H, 1991. The Anatomy of Major Projects: A Study of the Reality of Project Management[M]. Chichester: Wiley.

Mota C M M, Almeida A T, Alencar L H, 2009. A multiple criteria decision model for assigning priorities to activities in project management[J]. International Journal of Project Management, 27(2).

Moussourakis J, Haksever C, 2004. Flexible model for time–cost tradeoff problem[J]. Journal of Construction Management, 130(3).

Murtaza M B, Fisher D J, Musgrove J G, 1993. Intelligent cost/schedule estimation for modular construction[J]. Cost Engineering, 35(6).

Najman O, Stein B, 1992. A theoretical framework for configurations[C]. Proceedings of Industrial and Engineering Applications of Artificial Intelligence and Expert Systems: 5th International Conference.

Newell S, Huang J, 2005. Knowledge integration and dynamics within the context of cross-functional projects[J]. Management of Knowledge in Project Environments, 21(3).

Ochieng E G, Price A D F, 2009. Framework for managing multicultural project teams[J]. Engineering Construction and Architectural Management, 16(6).

Office of Government Commerce, 2003. Achieving Excellence in Construction, Procurement Guide: The integrated project team, teamworking and partnering[C].

Olsson N O E, Magnussen O M, 2007. Flexibility at different stages in the life cycle of projects: An empirical illustration of the "Freedom to Maneuver"[J]. Project Management Journal, 38(4).

Outhwaite S, 2003. The importance of leadership in the development of an integrated team[J]. Journal of Nursing Management, 11(6).

Partington D, Pellegrinelli S, Young M, 2005. Attributes and levels of programme management competence: An interpretive study[J]. International Journal of Project Management, 23(2).

Paton G, 2001. A systemic action learning cycle as the key element of an ongoing sparial of analyses[J]. Systemic Practice and Action Research, 14(1).

Payne J H, 1995. Management of multiple simultaneous projects: A state of the art review[J]. International Journal of Project Management, 17(1).

Peltonen H, et al., 1998. Concepts for modelling configurable products[C]. Proceedings of European Conference Product Data Technology.

Pennypacker J S, Grant K P, 2003. Project management maturity: An industry benchmark[J]. Project Management Journal, 34(1).

Pernler S, Leitgeb M, 1996. Functional and Structural Reasoning in Configuration Tasks[M]//Configuration Technical Report. Palo Alto : AAAI Press: 111-118.

Phua F T T, Rowlinson S, 2004. How important is cooperation to construction project success? A grounded empirical quantification[J]. Engineering Construct Architecture Management, 11(1).

Pinto J K, Slevin D P, 1988. Critical success factors across the project life cycle[J]. Project Management Journal, 19(3).

Platt J, 1992. "Case Study" in American methodological thought[J]. Current Sociology, 40(1).

Project Management Institute, 2000. A Guide to the Project Management Body of Knowledge (PMBOK Guide) (2000 Edition)[M]. New York: Project Management Institute.

Project Management Institute, 2006. The Standard for Program Management[M]. New York: Project Management Institute.

Ragsdell G, 1996. Engineering a paradigm shift? An holistic approach to organizational change management[J]. Journal of Organizational Change Management, 13(2).

Raymond L, Bergeron F, 2008. Project management information systems: An empirical study of their impact on project managers and project success[J]. International Journal of Project Management, 26(2).

Raz T, Barnes R, Dvir D, 2003. A critical look at critical chain project management[J]. Project Management Journal, 34(4).

Remington K, Pollack J, 2008. Tools for Complex Projects[M]. Sydney: Gower Publishing Ltd.

Rodrigues A, Bowers J, 1996. System dynamics in project management: A comparative analysis with traditional methods[J]. System Dynamics Review, 12(2).

Rosenhead J, 2008. Multimethodology: The Theory and Practice of Combining Management Science Methodologies[M]. Chichester: John Wiley & Son.

Sanvido V E, Debirah J, 1990. Applying computer integrated manufacturing concepts to construction[J]. Journal of Construction Engineering and Management, 116(2).

Sauer C, Reich B H, 2007. What do we want from a theory of project management? A response to rodney turner[J]. International Journal of Project Management, 25(1).

Scholes E, Clutterbuck D, 1998. Communication with stakeholders: An integrated approach[J]. Journal of Construction Engineering and Management, 31(2).

Schuler R, Jackson S, 2001. HR issues and activities in mergers and acquisitions[J]. European Management Journal, 19(3).

Shenhar A J, 2001. One size does not fit all projects: exploring classical contingency domains[J]. Management Science, 47(2).

Shields M D, Young S M, 1989. Managing prject life cycle costs: an organizational model[J]. Journal of Cost Management, 3(2).

Siemens N, 1971. A simple CPM time-cost trade-off algorithm[J]. Management Science, 17(6).

Sou-Sen L, An-Ting C, Chung-Huei Y, 2001. A GA-based fuzzy optimal model for construction time-cost trade-off[J]. International Journal of Project Management, 19(1).

Stoy C, Pollalis S, Schalcher H, 2007. Early estimation of building construction speed in Germany[J]. International Journal of Project Management, 25(3).

Sun M, Meng X, 2009. Taxonomy for change causes and effects in construction projects[J]. International Journal of Project Management, 27(6).

Sunder L, Lichtenberg S, 1995. Net-present-value cost/time trade-off[J]. International Journal of Project Management, 13(1).

Tan R R, 1996. Success criteria and success factors for external technology transfer projects[J]. Project Management Journal, 27(2).

Tareghian H R T, Taheri S H, 2006. On the discrete time, cost and quality trade-off problem[J]. Applied Mathematics and Computation, 181(2): 1305-1312.

Tareghian H R, Seyyed H, T, 2006. On the discrete time, cost and quality trade-off problem[J]. Applied Mathematics and Computation, 181(2).

Tareghian H R, Seyyed H, T, 2007. A solution procedure for the discrete time, cost and quality tradeoff problem using electromagnetic scatter[J]. Applied Mathematics and Computation, 190(2).

Thomas W, et al., 1998. Tools for Inventing Organizations: Toward a Handbook of Organizational Processes[M]. Cambridge: Massachusetts Institute of Technology.

Thomke S H, 1997. The role of flexibility in the development of new products: An empirical study[J]. Research Policy, 26(1).

Timo S, Juha T, Tomi M, 1998. Towards a general ontology of configuration[J]. Artificial Intelligence for Engineering Design, Analysis and Manufacturing, 12(4).

Trietsch D, 2005. The effect of systemic errors on optimal project buffers[J]. International Journal of Project Management, 23(4).

Turner J R, 1999. The handbook of project-based management[M]. New York: McGraw-Hill.

Uhl-Bien M, Graen G B, 2002. Self-management and team-making in cross-functional work teams: Discovering the keys to becoming an integrated team[J]. Journal of High Technology Management Research, 3(2).

Van Der Merwe A P, 1997. Multi-project management-organizational control[J]. International Journal of Project Management, 15(4).

Vincenzo A, Lars B, Paolo C, 1990. The evolution of configuration management and version control[J]. International Conference on Software Maintenance, 11.

Vrat P, Kriengkrairut C A, 1986. GP model for project crashing with piecewise linear time-cost trade-off[J]. Engineering Cost and Production Economics, 10(1).

Wateridge J, 1999. The role of configuration management in the development and management of Information System/Technology (IS/IT) projects[J]. International Journal of Project Management, 17(4).

Weng-Tat Chan, Chua D K H, Kannan G, 2002. Construction resource scheduling with genetic algorithms[J]. Journal of Construction Engineering and Management, 122(2).

White D, Fortune J, 2002. Current practice in project management-an empirical study[J]. International Journal of Project Management, 20(1).

Wielinga B, Schreiber G, 1997. Configuration design problem solving[J]. IEEE Expert.

Wiest J D, 1964. Some properties of schedules for large projects with limited resources[J]. Operations Research, 12(3).

William J R, Osama Y A, 1991. Cost-and schedule-control integration: Issues and needs[J]. Journal of Construction Engineering and Management, 7(3).

Williams T M, 2007. The need for new paradigms for complex projects[J]. International Journal of Project Management, 17(5).

Wu C, Hsieh T, Cheng W, 2005. Statistical analysis of causes for design change in highway construction on Taiwan[J]. International Journal of Project Management, 23(7).

Wu Y, Li C, 1994. Minimal cost project networks: The cut set parallel difference method[J]. Omega, 22(4).

Yang T, 2007. Performing complex project crashing analysis with aid of particle swarm optimization algorithm[J]. International Journal of Project Management, 25(6).

Yeo K T, 1995. Planning and learning in major infrastructure development: Systems perspectives[J]. International Journal of Project Management, 13(5).

Yin R, 1981. The case study crisis: Some answers[J]. Administrative Science Quarterly, 26(1).

Yin R K, 1989. Case Study Research: Design and Methods[M]. Beverly Hills: Sage.

Yin R K, 2003. Case study research: Design and methods (3rd Edition.)[M]. Thousand Oaks: Sage.

Yung P, Lai L W C, 2008. Supervising for quality: An empirical examination of institutional arrangements in China's construction industry[J]. Construction Management Economics, 26(7).

Zipf P J, 2000. Technology-enhanced project management[J]. Journal of Management in Engineering, 16(1).

附录

"大型工程项目四要素集成管理能力"调查问卷

尊敬的女士/先生：

为了开展大型工程项目四要素配置关系构件与集成管理的研究，我们将就您所参与的项目的管理情况进行匿名调查，非常感谢您在百忙之中能用 10~15 分钟的时间填写本问卷。为了感谢您的支持与帮助，请在本调查问卷末尾留下电子邮箱地址，我们将把本次调查的统计数据发送给您。

第一部分　项目基本信息
（填写方法：请在您所选答案前的□内打"√"）

1. 您目前所做项目的类型：

□城市道路　　　　□轻轨/地铁　　　　□工业/民用建筑

□通信/网络　　　　□桥梁/隧道　　　　□环保(污水/垃圾处理等)

□能源供给(电、水、气、暖等管网)　　其他(请注明)：_____

2. 您所做项目的投资总额：

□5 千万(含)～1 亿(不含)

□1 亿(含)～1.5 亿(不含)

□1.5 亿(含)～2 亿(不含)

□2 亿(含)～2.5 亿(不含)

□2.5 亿(含)以上

3. 您所做项目的业主：

□政府部门　　　　□私营公司/企业　　　　□国有企业

□公共机构(学校、医院等)

□其他组织和机构(请注明)：_____

4. 您所在项目的项目建设周期长度：

□1 年以下　　　　□1～3 年　　　　□3～6 年

□6～8 年　　　　□8 年以上

第二部分 项目四要素集成管理影响因素
（填写方法：请在您所选答案对应的空格中打"√"）

1. 您认为以下因素对项目四要素集成管理中过程管理的重要性程度如何？

序号	题项	重要性程度				
		很重要	重要	一般	不重要	很不重要
PM-1	对项目实施中偏差的快速响应能力					
PM-2	有效的变更管理方法					
PM-3	对项目目标变更后的系统适应能力					
PM-4	对项目计划实施情况的及时监督和反馈					
PM-5	起始阶段清晰的项目目标表达					
PM-6	明确的项目范围计划					
PM-7	有效的项目控制机制建立					
PM-8	切实可行的项目进展(时间、成本)部署					
PM-9	可度量的项目质量标准颁布					
PM-10	项目计划方法的可操作性					

2. 您认为以下因素对项目四要素集成管理中项目组织管理的重要性程度如何？

序号	题项	重要性程度				
		很重要	重要	一般	不重要	很不重要
OM-1	相关人员的专业知识水平					
OM-2	项目实施人员的独立工作能力					
OM-3	高层管理者的参与积极性					
OM-4	灵活的组织结构					
OM-5	对项目团队成员进行经常性的培训					
OM-6	团队冲突的化解能力					
OM-7	团队成员的应变能力					
OM-8	项目经理的领导力					
OM-9	团队成员的协作意识					

3. 您认为以下因素对四要素集成管理中项目信息管理的重要性程度如何？

序号	题项	重要性程度				
		很重要	重要	一般	不重要	很不重要
IM-1	信息系统对外部信息的及时处理能力					
IM-2	对项目外部信息收集渠道建设的完善情况					
IM-3	对项目信息和数据质量的快速判断					
IM-4	项目信息系统对信息的综合分析能力					
IM-5	项目内部数据联动处理的情况					
IM-6	项目实施过程信息发布的及时性					
IM-7	项目信息发布渠道的完善性					
IM-8	项目内部信息收集系统的完备性					

问卷到此结束，衷心感谢您的帮助！

如需要该项调查问卷的统计结果，请在此留下您的电子邮箱地址：